AF368257

QUESTIONS

DE PÊCHE ET D'AQUICULTURE

FLUVIALES ET MARITIMES.

QUESTIONS

DE

PÊCHE ET D'AQUICULTURE

FLUVIALES ET MARITIMES,

PAR

M. E. WALLON,

Docteur en droit,
Président du Comité de pêche et d'aquiculture
du bassin de la Garonne.

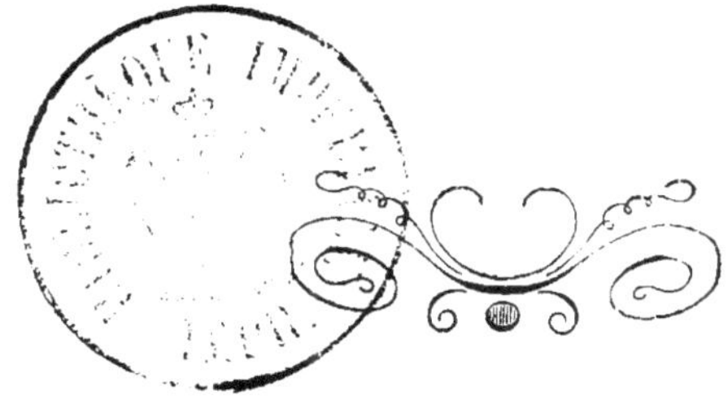

MONTAUBAN,

IMPRIMERIE FORESTIÉ NEVEU, RUE DU VIEUX-PALAIS, 23.

—

1868.

AVANT-PROPOS.

En vue de l'Exposition internationale de pêche et d'aquiculture qu'elle préparait, la Société scientifique d'Arcachon rédigea un formulaire des questions les plus intéressantes d'histoire naturelle, de technologie et d'économie aquicole et sociale, en invitant les Sociétés savantes et les hommes qui s'occupent plus spécialement de ces matières, à répondre au plus grand nombre possible de ces questions.

Acceptant l'invitation de la Société d'Arcachon, j'ai donné quelques indications, que je me suis efforcé de présenter de la manière la plus simple et la plus pratique, cherchant moins à faire un traité didactique sur ces matières, qu'à réunir et à résumer les renseignements les plus intéressants et les plus utiles pour les praticiens et les industriels.

Mon manuscrit, envoyé à l'Exposition d'Arcachon, section des écrits, a été jugé, par les hommes compétents chargés de l'apprécier, digne d'une récompense honorifique très-flatteuse pour moi. A l'Exposition universelle il a obtenu, dans la classe 49, une mention honorable. Depuis cette époque, j'ai été vivement pressé de livrer au public, par la voie de l'impression, les renseignements et les observations qu'il contient sur des questions qui sont plus que jamais à l'ordre du jour. J'ai cependant refusé, pour plusieurs motifs : d'abord, je n'avais pas la prétention de croire avoir présenté des observations bien nouvelles ; je craignais ensuite que la simplicité et le sans-façon avec lesquels j'avais répondu aux questions posées, n'accusassent une trop grande négligence, et que cette forme même de divisions par questions que j'avais dû adopter, ne parût monotone.

Des hommes éminents ont bien voulu m'assurer que ces scrupules étaient exagérés, et qu'ils regretteraient que ce motif seul m'empêchât de publier des renseignements qu'ils croyaient intéressants à plus d'un point de vue. Je cède donc, non à la vanité de me faire imprimer, mais au désir d'être utile, et je livre au public, sans aucune modification de forme, des aperçus qui, dès l'origine, n'étaient pas destinés à la publicité.

J'aurais pu, en retouchant mon manuscrit, lui donner, en même temps que plus d'extension, une tournure plus didactique ; mais j'ai moins cherché, je le répète, à faire un livre qu'à présenter, sous la forme la plus concrète et la plus simple, les observations et les renseignements les plus intéressants. J'ai d'ailleurs pensé qu'il pourrait y avoir quelque avantage à conserver une division qui, en

résumant en quelques questions les divers ordres d'idées
du sujet, me paraissait propre à en graver le souvenir dans
l'esprit du lecteur.

Voici en quelques mots quel est l'ordre d'idées que j'ai
adopté :

1° HISTOIRE NATURELLE. — Questions sur le règne
minéral, sur le règne végétal et sur le règne animal des
eaux ; — leur influence réciproque ; — à propos du règne
animal, classification des poissons, non d'après leurs caractères anatomiques, mais d'après le milieu qu'ils habitent ; habitudes générales des poissons ; domestication ;
des anguilles en particulier ; — des mollusques, huîtres
et moules, etc. ; — des crustacés, homards, langoustes, etc. ;
— enfin, ressources alimentaires et autres qu'offre le règne
animal des eaux.

2° TECHNOLOGIE, ou étude de l'industrie pratique
de la pêche. — A ce sujet, quelques mots de la question
si importante des appâts pour la pêche de la sardine.

3° AQUICULTURE, ou culture des eaux douces ou
salées. — Des parcs, réservoirs, viviers, lacs, étangs et
conserves ; stabulation ; — des échelles à poisson.

4° ÉCONOMIE AQUICOLE ET SOCIALE. — Eaux
douces. — Questions d'organisation et de réglementation ; causes du dépeuplement des cours d'eau et moyens
à employer pour y remédier ; avantages et inconvénients

de la nouvelle loi du 31 mai 1865. — Eaux salées.
— Avantages du système protecteur.

Dans ces divers sujets il y avait certes matière à de bien amples développements; mais que le lecteur se rassure : j'ai condensé et limité autant que possible, m'efforçant de rester fidèle à cette devise : *multa paucis* (beaucoup dans peu).

QUESTIONS
DE PÊCHE ET D'AQUICULTURE
FLUVIALES ET MARITIMES.

HISTOIRE NATURELLE.

MINÉRAUX.

*Quelle est l'influence du règne minéral sur le règne végétal
et sur le règne animal des eaux?*

Cette influence est du ressort des yeux, par rapport au
règne végétal. Il suffit, en effet, de jeter un rapide regard
sur les côtes maritimes, sur les fonds et les bords des
étangs d'eau douce ou d'eau salée, des lacs et des cours
d'eau, pour remarquer, à certains endroits, une végétation
abondante, tandis qu'ailleurs règne la nudité la plus complète. Or, comme dans la plupart des cas on ne saurait
admettre la différence de nature des eaux, il faut bien
admettre celle des fonds. Sur les côtes nues, dont le tuf est
sans cesse balayé par les eaux ou le courant, il n'existe
point de végétation, ou bien c'est une végétation crypto-
gamique et parasite. Dans les parties calmes du rivage et
sur les alluvions ou les vases, croissent, au contraire, cette
multitude de fucus, d'ulves, de roseaux, de joncs, etc..., qui
sont une ressource pour la fabrication des engrais agricoles.

Quant à l'influence que le règne minéral exerce sur le
règne animal, elle devient sensible par l'observation des

habitudes des poissons et autres habitants de l'onde. Ainsi, par exemple, le turbot, la sole, la raie, l'anguille, le silure et autres se plaisent sur les vases, où ils s'enfoncent quelquefois pour guetter leur proie ou l'y chercher ; tandis que le barbeau, la vaudoise, la chevanne, le goujon, etc., aiment les fonds graveleux ; la carpe, la tanche, la perche, etc., les fonds d'argile sablonneuse ; la truite saumonnée ou commune, les fonds rocailleux et nus ; le saumon, les lits de graviers et de cailloux, lorsqu'il est dans les cours d'eau ; la lamproie, les rochers auxquels elle s'accroche...... Les pêcheurs, sans s'en rendre un compte bien raisonné, savent souvent tirer grand parti de cette influence qu'ils ont constatée, pour la capture de leurs proies.

L'influence du règne minéral s'est quelquefois manifestée d'une manière fâcheuse sur certains animaux aquatiques, surtout sur les mollusques. Je rappellerai, à ce sujet, les cas d'empoisonnement par les huîtres, dont j'ai lu le récit dans un journal scientifique, et la constatation qui fut ultérieurement faite, que les mollusques vénéneux avaient été pêchés sur des roches dans la composition desquelles les sulfures de cuivre entrent en certaines proportions. Les huîtres, au contact de ces fonds, avaient tout à la fois verdi, — ce qui les faisait rechercher, — et acquis les qualités qui les rendaient malsaines.

Quelle est l'influence des fonds, quelle est l'influence des eaux sur l'engraissement et la reproduction des poissons et des mollusques ?

Chaque espèce, ainsi que je viens de le dire, recherche

telle nature de fonds pour y passer la plus grande partie de
sa vie ; et c'est ordinairement le besoin de l'alimentation
et l'instinct de la reproduction qui président à ces préférences, beaucoup plus que le caprice ou le pur hasard.

Les poissons, sans cesse occupés à rechercher leur proie,
se tiennent le plus ordinairement sur les fonds où ces
proies animales ou végétales, vivantes ou mortes, sont les
plus abondantes et le plus en harmonie avec leurs tailles
et leurs facultés de préhension. — Si les fonds sont riches
en petits poissons, crustacés, mollusques, vers, polypes, etc.,
les poissons qui les fréquentent, ayant sans cesse à leur
disposition une nourriture abondante, y grandissent et y
engraissent rapidement. — L'industrie de la lagune de
Comacchio fournit un exemple frappant de ce résultat. —
Les nombreux bassins ou *Campi* qui la composent sont
tous les ans ensemencés par un procédé fort ingénieux,
consistant en un système d'écluses, dont ce n'est ici ni
le lieu ni le moment d'exposer les détails. — Un très-
court séjour suffit à la jeune génération d'anguilles, de
soles, de muges, de loups, de dorades, introduite dans la
lagune, pour y acquérir une assez grande taille, tellement
les fonds vaseux des bassins sont riches en matières organiques, vers, insectes et surtout en un petit poisson (lac-
quadelle), qui s'y trouve en énorme abondance. — L'éducation du poisson, faite dans ces conditions, réussit si bien,
que la pêche de la lagune, faite tous les ans, donne en
moyenne près d'un million de kilogrammes de poisson, se
composant, pour la plus grande partie, de superbes an-

guilles. — Dans les étangs, viviers et bassins, l'influence des fonds sur le développement et l'engraissement des poissons est tout à fait sensible. Les fonds alluvionnaires sur lesquels croissent abondamment les plantes aquatiques, habitées elles-mêmes par des myriades de petits insectes, mollusques, crustacés, etc., sont aussi ceux sur lesquels les poissons d'étangs, tels que la perche, l'anguille, la carpe, la tanche, le brochet, la loche, croissent le plus rapidement. Il en est tout autrement des terrains nus, tels que les tufs sédimentaires : les poissons ne peuvent y vivre et s'y développer en assez grand nombre sans une nourriture artificielle.

Les eaux sont toujours en parfaite harmonie avec les fonds qu'elles recouvrent, — au moins lorsqu'elles sont captives ; — si les fonds sont riches en matières alimentaires, les eaux le sont aussi. Quant aux eaux courantes, il en est qui contiennent plus de matières nutritives que d'autres, suivant la nature des terrains où elles prennent leur source et de ceux qu'elles parcourent : ce qui explique pourquoi certains cours d'eau sont plus poissonneux que tels autres, et beaucoup plus à tel endroit de leurs cours qu'à tel autre endroit.

L'influence exercée par la nature des fonds et des eaux sur la reproduction des poissons, est tous les jours constatée par les habitudes mêmes des poissons. Pour mieux la faire ressortir, il conviendrait d'étudier toutes les familles de poissons marins ou fluviatiles, les unes après les autres, et de constater la grande diversité qui préside à leur choix des lieux de ponte. — Ce serait là un travail assez long ; — aussi me contenterai-je de citer quelques exemples : — tandis que l'alose, l'esturgeon, le saumon, la truite, l'ombre, la fera, le lavaret, la sandre, le barbeau, la brême, le meunier, la vandoise, la loche franche, la lotte, le véron, le goujon, etc., recherchent les eaux courantes, où ils déposent leurs œufs sur les fonds lavés, de cailloux, de pierres, de graviers ou de sables purs, d'autres espèces, telles que le brochet, la perche, la carpe, la tanche, le gardon, la loche d'étang, le silure, recherchent au contraire les eaux tranquilles, la vase, les gazons et les végétaux sur lesquels les œufs sont déposés et subissent l'incubation. — D'un autre côté, tandis que les salmonidés fraient vers la fin de l'automne, et que leurs œufs, pour une incubation normale (90 jours), exigent une température très-fraîche de l'eau (6 à 8°), les cyprins, au contraire, avec bien d'autres espèces, fraient vers le printemps ou le commencement de l'été, et ont besoin d'une eau tempérée et même chaude (pour les carpes et les tanches de 16 à 20°). — Quiconque voudra élever et multiplier les poissons dans les eaux courantes ou captives, devra donc préalablement s'assurer si les besoins et l'instinct de l'espèce sur laquelle il désire opérer, peuvent s'accommoder de la nature des fonds et de l'eau.

Quant aux mollusques, — et je ne citerai que les plus précieux : l'huître, la moule et les espèces connues sur les côtes américaines sous le nom de clams, le soft-clam (*mya arenaria*) et le round-clam (*venus mercenaria*), — ils subissent encore plus directement que les poissons l'influence de la nature des fonds et des eaux. Leur structure, en effet, ne leur permet de se mouvoir que très-difficile-ment : aussi ne peuvent-ils pas se soustraire aux diverses causes de destruction, telles que les flots rapides ou tour-mentés et l'envasement. Les bancs d'huîtres et d'autres coquillages les plus abondants sont ceux qui gisent sur un fond de sable vaseux et dans les eaux saumâtres, c'est-à-dire mélangées d'une certaine quantité d'eau douce. L'on peut citer, sous ce rapport, la richesse coquillère des États-Unis, dont j'aurai occasion de parler avec plus de détails en traitant les questions qui se rapportent aux huîtres et aux moules. — Pour le moment, il me suffit de faire remarquer que cette richesse est due à la configura-tion et à la nature du littoral américain, unique au monde pour l'industrie coquillère. — Depuis le cap Fear jusqu'à l'île Long-Island, sur la côte orientale, presque partout d'étroites bandes sablonneuses courent parallèlement au rivage, à une distance peu considérable, et, en intercep-tant les flots de l'Océan, forment une foule de baies, d'anses, de lagunes, dans les conditions les plus favorables à la multiplication des mollusques. De plus, dans les endroits où les grands fleuves américains se jettent dans l'Océan, ces langues sablonneuses retenant les eaux douces dans les baies, diminuent la salure des eaux de la mer, ce qui ajoute une nouvelle chance de succès à la production des mollusques, surtout des huîtres. Parmi les causes qui peuvent contribuer à l'appauvrissement des bancs du lit-toral français, l'une des principales est, suivant les lieux, ou bien l'envasement qui atrophie le naissain à sa sortie des valves de la mère, ou bien la violence du courant ou du flot, qui disperse le jeune naissain avant qu'il ait pu s'attacher à quelque corps, au moyen des appendices dont il est muni dans le premier âge, lesquels consistent en un bourrelet cilié, merveilleusement adapté à sa destination.

Les mollusques acquièrent un degré d'engraissement et des qualités qui diffèrent sensiblement suivant les lieux. Ces différences tiennent à la plus ou moins grande richesse alimentaire végétale ou animale des fonds sur lesquels s'exerce l'industrie, et il convient d'ajouter aux procédés mis en œuvre pour en tirer parti. Je cite à ce sujet l'industrie des claires de Marennes et des *plantations* d'huîtres américaines, et celle des bouchots à moules de la baie de l'Aiguillon, près de La Rochelle. Les huîtres élevées dans les claires de Marennes, sous l'influence de la nourriture qu'elles trouvent sur ces fonds et dans ces eaux, acquièrent un degré d'engraissement qui, joint à la véridité que leur communiquent les marnes bleu-vertes entrant dans la composition de ces terrains, les font rechercher avec empressement. — De même les moules, soustraites aux vases par le moyen d'éducation employé dans les bouchots de la baie de l'Aiguillon, acquièrent les qualités comestibles bien supérieures à celles des moules cueillies sur la côte. — J'aurai, du reste, ailleurs, occasion de m'étendre un peu plus sur ces industries. Pour le moment, il me suffit de constater les faits.

VÉGÉTAUX.

Je ne dirai que quelques mots sur l'une des questions de cette division.

Quelle est l'influence du règne végétal sur le règne animal des eaux?

Parmi les poissons et autres habitants de l'onde, le plus grand nombre est omnivore ou carnivore, c'est-à-dire s'approprie à la fois les matières animales et végétales ou les premières seulement ; mais quelques-uns sont herbivores, c'est-à-dire pouvant se nourrir presque exclusivement de végétaux. Pour ces derniers, l'influence du règne végétal est directe ; et l'on comprend aisément qu'ils ne peuvent prospérer que dans les eaux abondantes en végétations de toutes sortes. — Quant aux premiers, — et ils sont innombrables, — la végétation de nombreuses plantes aquatiques est le plus sûr moyen de favoriser la propagation de cette multitude de batraciens, de mollusques, de crustacés, de vers, d'insectes et d'une foule de matières organiques recherchées par la gent aquatique. — Il n'est personne qui n'ait pu ou ne puisse se rendre compte des produits différents donnés par divers étangs ou viviers dans lesquels les mêmes espèces sont élevées, mais dont le régime végétal varie sensiblement de l'un à l'autre. Ainsi, pour ne parler que des deux espèces les plus communes, la carpe et l'anguille, on a remarqué que ces poissons acquièrent en peu de temps un accroissement assez considérable dans les eaux abondantes en plantes aquatiques, et que la carpe s'y reproduit avec succès, tandis qu'ils ne font que végéter sur les fonds nus et dans les eaux où ne croissent pas ces plantes. — Dans ce dernier cas, les poissons finissent même par s'entre-dévorer. — Je possède plusieurs grands viviers dans lesquels il m'a été facile de constater les différences que je signale.

ANIMAUX.

Je ne m'occuperai ici que des poissons proprement dits, laissant de côté les mollusques et les crustacés, sur lesquels j'aurai plus loin l'occasion de dire quelques mots.

La branche de l'histoire naturelle qui traite des poissons, ou l'ichtyologie, s'attachant à certains caractères anatomiques apparents ou intérieurs, divise communément les habitants de l'onde en grandes catégories, qui prennent le nom d'ordres, lesquels comprennent eux-mêmes le plus souvent un certain nombre de subdivisions appelées familles, divisées encore en genres et en espèces, jusqu'à ce qu'on arrive à l'individu. — Ces classifications peuvent être nécessaires, lorsqu'il s'agit d'étudier méthodiquement les poissons ; — mais, au point de vue pratique de la production et de l'éducation des diverses espèces ou de la pêche, on peut établir une autre grande division beaucoup plus simple et plus facilement saisissable, parce qu'elle a pour fondement la nature même des eaux au milieu desquelles elles vivent.

Tous les poissons, en effet, vivent ou dans les eaux *salées*, ou dans les eaux *douces*, ou dans les eaux *saumâtres*. — Quelques-uns, il est vrai, peuvent se plaire dans les eaux douces comme dans les eaux salées ; mais, en somme, l'on peut, sur cette base, former trois grandes catégories ichthyologiques qui se gravent plus facilement dans l'esprit de ceux qui sont à peu près étrangers à cette branche de l'histoire naturelle.

En faisant l'énumération des espèces qui peuvent être rangées dans chacune de ces trois catégories, je ne me laisserai guider que par le point de vue utilitaire. Aussi, négligeant une foule d'espèces peu connues ou peu utiles, je m'arrêterai surtout aux familles qui ont le plus d'importance pour nous, au point de vue alimentaire, industriel ou commercial. — Je ne saurais oublier, en effet, qu'il s'agit moins de faire un cours d'histoire naturelle appliquée aux poissons, que de fournir quelques éléments qui puissent contribuer à tirer un meilleur parti des ressources que la nature met à notre disposition, en les connaissant mieux. — En poursuivant à ce point de vue la classification des diverses espèces, je donnerai quelques indications sommaires sur leurs mœurs, leurs habitudes et leur utilité.

Quelles sont les espèces animales qui se reproduisent et se développent exclusivement dans les eaux salées, et pour lesquelles le mélange des eaux douces avec les eaux salées est funeste ?

En un mot, quelles sont les espèces purement marines ?

Il me paraît tout naturel de commencer par les familles les plus importantes, sinon par la taille, du moins par l'utilité.

La famille des *Gadoïdes* se présente en première ligne. — Nous y trouvons d'abord le poisson qui donne lieu à l'industrie la plus considérable :

La Morue commune (*Gadus morrhua*. — Linné). Ce poisson, d'une couleur verdâtre mêlée de jaune sur le dos, passant progressivement au blanc argenté sur les parties inférieures, a ordinairement de 75 c. à 1 m. de long, et pèse de 10 à 12 kilogrammes. Vorace à l'excès, il avale tout ce qui se présente autour de lui ; aussi met-on cette voracité à profit, pour le pêcher avec toutes sortes d'appâts, et souvent même avec des morceaux de drap rouge. Tout-à-fait marin, ce poisson se tient dans les grandes profondeurs de l'Océan et ne vient sur les rivages que pour y frayer. — Chaque année, vers le mois de janvier, la morue quittant les profondeurs de l'Océan glacial, forme deux grandes bandes qui se rendent, l'une sur les côtes orientales de l'Amérique du nord, l'autre sur les côtes occidentales de l'Europe septentrionale, vers les îles Lofoden (Norwège). Le moment de l'arrivée peut bien varier quelquefois, mais il est cependant assez bien déterminé par les pêcheurs. — La morue, l'un des poissons les plus féconds, peut pondre de 8 à 9 millions d'œufs. Les jeunes restent sur les attérages peu profonds pendant les premiers temps de leur vie ; mais dès qu'ils ont atteint une taille de 40 à 50 c., ils descendent dans les fonds. La pêche de la morue est poursuivie avec tant d'ardeur, que, malgré la fécondité de l'espèce, elle tendrait à diminuer, sans les mesures restrictives prises par les gouvernements.

On pêche la morue dans les mers septentrionales de l'Europe au Doggers-Bank, en Islande, au cap Nord et sur quelques autres points ; et, en Amérique, sur le grand banc de Terre-Neuve, aux attérages des îles Saint-Pierre et Miquelon, sur les côtes du Canada, dans le golfe Saint-Laurent. La pêche de la morue appartient à ce que la marine nomme la grande pêche , et peut fournir presque instantanément à l'État un nombre considérable de marins aguerris. Aussi les gouvernements lui accordent-ils des encouragements nombreux, sous les noms de primes d'armement ou de produits. — Le nombre des navires armés tous les ans pour cette pêche est très-considérable, et les produits qui en résultent fournissent au commerce et à l'industrie un aliment immense. J'aurai ailleurs l'occasion de revenir sur ce sujet et d'entrer dans plus de détails en parlant des ressources que le règne animal des eaux offre à l'alimentation, à l'industrie, aux arts, etc.

A côté de la morue commune se trouvent dans la même famille d'autres espèces, moins estimées, que je vais toutefois mentionner ; telles sont :

L'AIGREFIN (*Gadus æglefinus*), plus petit que la morue et d'un goût moins agréable. Il est abondant dans les parages du Nord et n'est pas rare sur les côtes de Bretagne. Les Anglais le nomment *hadok*. On le sale comme la morue.

LA petite Morue ou faux Merlan (*Gadus callarias*), d'une taille moindre que la morue, est plus agréable à manger frais que l'aigrefin ; il se pêche dans les mêmes parages et surtout dans la Baltique.

Le Capelan ou Officier (*Gadus minutus*), de 45 à 50 c. de long, vit en très-grand nombre dans les anses de l'Océan, près de la surface de l'eau. Il est surtout recherché comme appât pour amorcer les lignes à morue. Pour cet usage, il est conservé en saumure ou en salaison.

Parmi les Gadoïdes se trouvent encore : les Merlans, comprenant plusieurs espèces, dont la principale et la plus connue est le Merlan commun (*Gadus merlangus*), long de 50 c., poisson recherché sur nos marchés à cause de la légèreté de sa chair. Il se pêche abondamment sur les côtes de l'Océan, dans les parties septentrionales et même dans la Manche. Il paraît généralement en troupes nombreuses après l'apparition des harengs.

Les Merluches ayant pour type le Merlus (*Gadus merlucius*), long de 40 à 75 c. et même plus. Ce poisson, pêché abondamment sur les côtes de l'Océan et de la Méditerranée, est aussi appelé merlan sur les côtes de la Provence. Il est ordinairement consommé frais ; mais, dans le Nord, on le sale et on le sèche, et il prend le nom de stockfisch, qui se donne également à la morue sèche.

Les Lottes, dont l'espèce la plus connue est la Lingue *ou Morue longue* (*Gadus molua*), poisson long de 1 m. à 1 m. 50, abondant, comme la morue commune, dans les mers septentrionales de l'Europe, se conserve aussi aisément et est un article assez important de pêche.

Je passe sous silence quelques autres Gadoïdes.

Dans la famille des *Scombéroïdes*, nous trouvons aussi des poissons, tels que le maquereau et le thon qui, par leur goût agréable, leur taille, leur inépuisable reproduction et leurs habitudes de retour dans les mêmes parages, deviennent un objet considérable de pêche et de commerce.

Le Maquereau commun (*Scomber scombrus*), fusiforme, à couleurs très-brillantes, a le dos d'un beau bleu d'acier changeant en vert irisé ou glacé d'or et de pourpre, relevé par des lignes ondulées noires qui descendent en se portant obliquement en avant jusqu'à la ligne latérale; le reste du corps est d'un blanc nacré irisé d'or et de pourpre. Sa longueur moyenne est de 30 à 40 c. Sa chair est excellente. Ce poisson fait annuellement en troupes nombreuses de très-longs voyages. Il passe l'hiver dans les parties inconnues de la mer, et ce n'est qu'au printemps qu'il commence à se montrer sur les côtes. — Vers le mois d'avril, les maquereaux apparaissent dans la Manche, mais ils sont encore petits et non laiteux; on les nomme *sansonnets* ou *rablots*. Vers la fin de mai, en juin et en juillet, on les pêche avec abondance; alors ils sont pleins. C'est sans doute le moment où ils vont frayer. —Un maquereau peut pondre 500,000 œufs et au-delà. En août, ceux qu'on pêche sont vides et allongés; on les nomme *chevillés*. — En septembre et en octobre, on en pêche des petits qui sont probablement nés dans l'année. Passé cette époque, les maquereaux ne se trouvent plus en troupes ; ils ont généralement émigré pour leurs quartiers d'hiver. Les maquereaux se pêchent aussi dans la Méditerranée ; mais ils sont moins estimés que ceux de l'Océan. En France et en Angleterre ils fournissent un aliment abondant et recherché. — Sur les côtes américaines, dans la baie de Massachusetts surtout, la pêche du maquereau se pratique, du commencement de juin à la fin d'octobre, d'une manière très-active. Cette pêche occupe une flotille nombreuse, qui alimente de ses produits frais ou salés les marchés du littoral des États-Unis. Cette pêche se fait principalement à la ligne. Les pêcheurs attirent le poisson et le font lever en jettant, à la surface de la mer, une substance nommée rogue, espèce de pâte composée de poisson et d'un coquillage en proportions diverses, appât sur lequel j'aurai occasion de revenir un peu plus loin.

Le Thon, poisson très-recherché à cause de son utilité pour l'alimentation humaine, se trouve dans la Méditerranée, l'Océan, les mers d'Amérique et l'Océan pacifique. L'espèce la plus connue depuis la plus haute antiquité est le Thon commun (*Scomber tynnus*), plus rond, plus gros et plus grand que le maquereau. Il peut atteindre près de 2 mètres de long et un poids de 50 kilogrammes. Il a le dos d'un noir bleuâtre et le ventre grisâtre semé de taches d'un blanc d'argent. Comme le maquereau, le thon est un puissant voyageur. On le pêche en été, en abondance, dans la Méditerranée, où il est certain qu'il fraie et

où les jeunes grandissent assez rapidement. Quelques
pêcheurs pensent même que le thon passe sa vie dans la
Méditerranée, et que, si on ne le voit pas pendant l'hiver,
c'est qu'il se réfugie dans les profondeurs de la mer.

La pêche du thon remonte à la plus haute antiquité.
Les Phéniciens la faisaient aux deux extrémités de la
Méditerranée, sur les côtes d'Espagne et dans la Mer noire.
Ils préparaient ce poisson en salaisons. Aristote, Pline,
Strabon et quelques autres écrivains parlent du thon. Les
Romains le recherchaient comme aliment. A Byzance, sa
pêche constituait une industrie considérable. — Aujour-
d'hui, la pêche du thon, sans avoir diminué dans la Méditerranée, s'est concentrée sur certaines côtes ; et c'est sur
les rivages de la Catalogne, du Languedoc, de Provence,
de Ligurie, de Sardaigne et de Sicile qu'elle a le plus d'activité et qu'elle donne les résultats les plus lucratifs. Elle
se fait de deux façons . à la *thonaire* et à la *madrague.*
La pêche à la thonaire consiste à ramener peu à peu vers
le rivage la troupe de thons qui a été signalée. Dans ce
but, les barques font, au moyen de grands filets en forme de
seine, une longue courbe qui se resserre peu à peu, jusqu'à
ce qu'il n'y ait plus que quelques brasses d'eau. Alors il
ne reste plus qu'à tendre un dernier filet à mailles très-
fortes, lequel entoure définitivement la troupe de thons
qu'il fait prisonnière, en la traînant à terre. Les plus petits
poissons sont pris à bras et les grands sont tués à coups
de crocs, afin d'éviter les blessures que leurs terribles
coups de queue pourraient causer. — La pêche à la

madrague est beaucoup plus compliquée : de grands et longs filets, tenus verticalement par des flottes de liége au bord supérieur et des plombs ou des pierres au bord inférieur, et fixés par des ancres, forment une longue enceinte parallèle au rivage, divisée en plusieurs compartiments ou chambres par des filets transversaux ouverts du côté de la terre par une espèce de porte. Les thons en longeant la côte, selon leur habitude, passent entre la madrague et la terre ; mais, arrivés à l'extrémité, ils trouvent un grand filet transversal qui leur ferme le passage et les contraint d'entrer dans la madrague par l'ouverture qui y est pratiquée. Aussitôt qu'ils y ont pénétré, on les pourchasse jusqu'à ce que, passant de chambre en chambre, ils soient arrivés à la dernière, où un filet horizontal forme un espèce de plancher que des hommes placés dans les barques soulèvent, de manière à élever le poisson avec lui jusqu'à la surface de l'eau. Lorsque les thons sont à découvert, on leur livre un combat acharné avec toute espèce d'armes.

Le thon se mange frais, mais l'on en conserve aussi en masses considérables, soit salés, soit fumés, lesquels sont toujours très-recherchés.

Une autre espèce de thon, propre à la Méditerranée et employée dans le commerce est la THONINE. (*Thymnus thounion.* — CUVIER, VAL.)

Enfin, une dernière espèce de thon, le GERMON (*Scomber alalonga de gmelin*), se distinguant du thon commun par ses longues nageoires pectorales, se rend, au mois de juin, en

troupes nombreuses, dans le golfe de Gascogne. Il donne
la chasse à tous les poissons qui vivent en troupes, tels que
mulets, sardines, etc. Frais, il est peut-être plus recherché
que le thon et se vend plus cher ; mais on le sale aussi
comme ce dernier, et alors il devient une provision utile
pour l'hiver. Toutefois, la consommation ne s'en étend
guère au-delà des lieux de pêche.

Je citerai encore un autre scombéroïde, qui est l'ESPA-
DON (*Xiphias gladius*), singulier par la forme de son bec
terminé en pointe d'épée ou de broche qui lui sert d'arme
offensive très-dangereuse, même pour les plus grands poissons. La longueur de l'adulte est de 2 à 5 mètres ; mais
on en voit de 4 et 5 mètres. La chair de l'espadon est
excellente ; il apparaît en même temps que les thons. On
le pêche principalement dans la Méditerranée, et surtout
dans les environs du phare de Messine. On le trouve aussi,
mais plus rarement, dans l'Océan. Les Siciliens encore
aujourd'hui en font des salaisons.

La famille des *Clupes* ou *Clupeoïdes* renferme quelques
poissons qui, sinon par la taille, du moins par l'extrême
abondance avec laquelle on les pêche tous les ans, offrent
à l'alimentation des ressources immenses. Il suffit de citer
le hareng, la sardine et l'anchois.

Le HARENG COMMUN (*Clupea harengus*), type du genre,
est un poisson long de 50 c. environ, d'un vert glauque sur
le dos, blanc sur les côtés et le ventre, couvert sur tout
le corps d'un glacé d'argent ; mais, aussitôt après la mort,

le vert du dos se change en bleu indigo devenant de plus
en plus intense. — Les harengs habitent en grande abondance tout l'Océan boréal, dans les baies du Groënland,
de l'Islande, de la Laponie, des îles Feroë et dans les golfes
de la Norwège, de la Suède, de la Mer du nord, du Danemark et de la Baltique. On les trouve aussi en grand
nombre dans la Manche et sur les côtes de France, jusqu'à
la Loire ; mais on ne les pêche ni dans le golfe de Gascogne,
ni sur les côtes d'Espagne, ni dans la Méditerranée. Ils ne
remontent pas, comme le fait un autre clupe , l'alose, dans
les grands fleuves, et il est très-rare qu'ils dépassent leur
embouchure. — Le hareng n'est pas très-vorace ; il se
nourrit spécialement de petits crustacés, de poissons qui
viennent de naître, et surtout de son propre frai. Son poids
ne dépasse guère 200 ou 250 grammes. Les femelles sont
environ deux fois plus nombreuses que les mâles, — ce qui
peut expliquer l'extrême fécondité de l'espèce. — Elles
peuvent pondre de 20 à 50,000 œufs. Lorsqu'elles veulent frayer, elles se rapprochent de la côte, en bandes
immenses, et elles déposent leurs œufs sur le sol en s'y frot-
tant brusquement le ventre. Les œufs sont pondus en si
prodigieuse quantité, qu'il n'est pas rare, à marée basse,
d'en trouver sur les lits de ponte une couche de 2 à 5 centimètres d'épaisseur, dans laquelle on remarque beaucoup
d'écailles détachées du ventre. On ne sait pas d'une manière bien exacte combien de jours les œufs, fécondés par
la laitance du mâle, mettent à éclore ; mais, vers la fin de
janvier, les bas-fonds sont remplis de jeunes harengs res-

semblant à de petites aiguilles. Au printemps, ces jeunes ont déjà de 10 à 12 c. de longueur et ils commencent à s'éloigner de la côte.

Les harengs sont recherchés comme aliment, et leur extrême abondance permet de les vendre à bon marché. — Dans certaines contrées, on en prend des quantités si considérables que, ne sachant plus qu'en faire et ne se livrant pas à l'industrie des salaisons, les habitants les emploient à l'alimentation des vaches et des porcs. — Les harengs se tiennent à des profondeurs très-variables. Par les gros temps, ils abandonnent la surface pour se retirer au fond de la mer. Ils marchent en bandes innombrables, et il n'est pas rare, dans les nuits calmes où la lune brille sur l'horizon, d'en voir des colonnes de 5 à 6 milles de longueur sur 3 ou 4 de largeur s'avancer à la surface de la mer, qui se couvre alors de scintillations phosphorescentes les plus éclatantes. Quelquefois on les voit se dresser et sortir la tête hors de l'eau, comme pour humer l'air, et sauter en produisant un bruit semblable à celui que fait la pluie tombant par larges gouttes. — Les bandes de harengs ont, en mer, des mouvements très-brusques ; aussi les voit-on quelquefois disparaître en une seule nuit des baies qui jusque-là avaient été des plus abondantes. Ces évolutions capricieuses font souvent le désespoir des pêcheurs. — Lorsque ces bandes sont en marche, rien ne saurait les détourner de leur voyage ; et elles donnent quelquefois avec tant de furie, dans les nappes des filets, que, si les pêcheurs n'avaient pas le soin de couper les cordes qui les retiennent aux bateaux, ceux-ci courraient le risque d'être submergés par le poids énorme des myriades de poissons pris dans les filets.

Quoi qu'on puisse penser des migrations des harengs, leur patrie semble être dans les profondeurs des mers du Nord, autour du cercle polaire, d'où ils sembleraient partir pour se diriger sur les côtes de l'Amérique septentrionale, vers Terre-Neuve, et sur celles de Norwège, de la mer du Nord, de la Baltique et de la Manche. — Au mois de juin et de juillet, la pêche a lieu habituellement aux attérages des Orcades et des Shetland, plus tard dans la mer d'Allemagne, et en novembre et décembre dans la Manche. Cette pêche est l'une des industries européennes les plus considérables et les plus lucratives, par l'énorme produit de matière alimentaire qu'elle donne. Elle est aussi l'une des plus dignes d'intérêt de la part des gouvernements par le nombre de bateaux et de marins qui y sont engagés. Elle se fait surtout la nuit, au moyen de grands filets d'une forme particulière. — D'après les lois, cette pêche cesse à la fin de décembre. — Je donnerai plus loin quelques détails sur le commerce auquel donnent lieu les harengs préparés de diverses manières.

La Sardine (*Clupea sardina*. — **Cuvier**) est plus petite que le hareng, elle a le corps un peu moins allongé, un peu plus épais, d'une couleur argentée, à reflets verdâtres ou de bleu tendre se fonçant sur le dos. Elle habite l'Océan atlantique boréal, la Baltique et la Méditerranée, dans la profondeur des baies. Comme les harengs, les sardines se

rassemblent en colonnes compactes souvent très-étendues,
et, intrépides voyageuses, elles se mettent à courir le monde
de la mer, jalouses sans doute de faire admirer partout
leur belle robe de nâcre, la grâce de leur forme et l'agilité
de leurs mouvements. — Elles arrivent au printemps sur
les côtes de Bretagne et de la Méditerranée, qu'elles abandonnent avant l'hiver. — La sardine est pêchée en abondance sur les côtes ouest de l'Angleterre et sur celles de
Bretagne, où cette industrie occupe un grand nombre
d'hommes et de femmes; elle est pêchée aussi dans la
Méditerranée. — Le filet le plus généralement employé
pour cette pêche est la seine. La sardine est consommée
fraîche ou après avoir subi diverses préparations, sur lesquelles je donnerai ultérieurement quelques détails. — La
fécondité de la sardine est inouïe.

L'ANCHOIS, poisson de petite taille dont plusieurs espèces
sont répandues dans les mers d'Amérique et des Indes, a
pour type l'*Anchois vulgaire* (*Clupea encrasicholus.* —
LINNÉ), qui se trouve dans nos mers d'Europe et surtout
dans la Méditerranée, sur les côtes d'Italie, de France et
d'Espagne. Ce poisson, compagnon de la sardine, est long
de 12 à 15 c. ; il a le corps très-arrondi et allongé ; il
est verdâtre sur le dos et argenté sous le ventre ; mais,
après sa mort, le vert se fonce tellement qu'il semble
être noir. Il est très-recherché par l'art culinaire pour
la délicatesse de goût qu'il communique aux aliments,
lorsqu'il a subi certaines préparations. — La pêche de
l'anchois est très-abondante en Sicile, en Corse, à Antibes,

Fréjus, Saint-Tropès, Cannes, etc., et sur les côtes de Dalmatie, à Raguse. Ce poisson ne se consomme guère frais ; il paraît même que, dans cet état, il peut causer des fièvres dangereuses. — Après avoir enlevé la tête et les viscères des anchois, on les sale et on les enferme dans des barrils microscopiques. Les côtes de Catalogne et de Provence, où ces préparations constituent une industrie assez importante, envoient leurs produits à la foire de Beaucaire, d'où ils se répandent dans le monde entier.

Dans la famille des *poissons plats ou pleuronectes*, nous trouvons quelques poissons marins estimés pour la finesse de leur chair ou la quantité de matière qu'ils peuvent fournir à l'alimentation ; tels sont : le *turbot*, le *flétan*, la *limande*, la *barbue*.

LE TURBOT (*Pleuronectes maximus*), poisson dont le corps rhomboïdal mesure, en moyenne, 3 m. 35 de circonférence, est l'un des plus recherchés par les gastronomes pour la finesse de sa chair. Aussi vanté dans l'antiquité que de nos jours, il avait reçu le nom de *faisan de mer*. Le turbot est pêché surtout sur les côtes de l'Océan et de la Manche, et c'est aux embouchures de la Somme et de la Seine que l'on prend la majeure partie de ceux qui sont consommés à Paris. Mauvais nageur, — comme tous les pleuronectes, — le turbot ne quitte pas les côtes où il s'enfonce dans la vase, pour échapper à ses ennemis, et pour guetter sa proie, qui se compose ordinairement de petits crustacés ; — sa fécondité est inouïe. Il peut, en effet, pondre jusqu'à 9 millions d'œufs.

Le Flétan, dont on connaît plusieurs espèces qui habitent les mers du Nord, est moins estimé que le turbot ; mais, par sa taille, il peut fournir une bien plus grande masse de matières alimentaires. L'un de ces poissons, qui est nommé *Flétan, helbot* ou *halibut* (*Pleuronectes hippoglossus*), devient énorme ; il peut atteindre une taille de 2 m. à 2 m. 50 et un poids de 150 à 200 kilogrammes et même plus. La pêche de ce poisson est très-suivie sur les côtes du Groënland, de la Norwège et dans tout le Nord, mais surtout sur les rivages de la Nouvelle-Angleterre et sur les bancs de Saint-Georges et de l'île de Sable. Elle se fait ordinairement à l'hameçon garni d'appât. Sur les côtes de l'Amérique du Nord, la pêche du flétan a pris de très-grands développements et, combinée avec celle de la morue, elle est pour les marins de ces contrées l'objet d'une industrie importante, qui fournit aux classes peu aisées un aliment à bon marché, lequel a, de plus, l'avantage de se prêter à plusieurs sortes de préparations. — La chair de ce poisson est blanche et délicate, mais manquant de saveur ; ce qui fait, sans doute, qu'elle est peu appréciée en France et en Angleterre : préjugé dont l'alimentation publique souffre assurément, car, lorsque le flétan est salé, séché ou fumé, — et on en prépare ainsi de grandes masses, — il a des qualités au moins égales à celles de la morue conservée. — Pendant la belle saison, le flétan est pêché dans les eaux peu profondes, non loin du rivage ; mais, à mesure que le temps devient rigoureux, il s'écarte de la côte et gagne les bancs du large, où il faut le suivre pour le capturer. — Ce poisson est très-vorace. — L'appât dont se servent le plus ordinairement les pêcheurs américains se compose de poissons salés du genre hareng, extrêmement abondants sur les côtes des États-Unis et n'ayant par conséquent que très-peu de valeur.

La Limande (*Pleuronectes limanda*) est un poisson plat, qui est porté frais sur nos marchés, comme le turbot, mais qui est beaucoup moins estimé que ce dernier, quoique la chair ne manque pas de finesse. La limande se pêche sur les côtes où elle se tient dans la vase, comme les mauvais nageurs. — Le nom de limande lui vient du latin *lima,* qui signifie lime, rape, instruments auxquels ressemble assez la peau de ce poisson, recouverte d'écailles dures et dentelées.

La Barbue (*Pleuronectes rhombus*), à corps en losange, appartient aussi à la même famille des pleuronectes ; elle est quelquefois apportée sur nos marchés, mais moins que les précédents. — Je n'entre dans aucun détail à son égard.

Quelques autres familles renferment encore certains poissons, qui entrent pour une part plus ou moins grande dans l'alimentation. A ce titre, ils méritent d'attirer un moment l'attention. — Je vais les passer rapidement en revue.

Dans la famille des *Percoïdes* se trouve le Mulle ou

vrai Rouget (*Mullus barbatus*), le *Mullus* des anciens, que les Romains recherchaient avec tant d'avidité, et dont la réputation de délicatesse avait tellement élevé le prix, que Tibère fut obligé de le taxer dans ses lois somptuaires. — Suétone rapporte que trois mulles furent payés 10,000 sesterces (5,844 fr.). — C'étaient, certes, des folies que pouvaient seuls se permettre les dominateurs du monde, gorgés des dépouilles de tous les peuples, mais qui n'en démontrent pas moins l'extrême réputation dont le mulle jouissait à Rome. — Cette passion pour le mulle a bien diminué ; mais on le met encore aujourd'hui au nombre des meilleurs poissons. — Le mulle, dont la taille ordinaire est de 50 à 40 c., est un très-joli poisson à couleurs d'un rouge foncé carmin avec reflets irisés sur le corps et d'un blanc argenté sous le ventre, avec des nageoires jaunes. Il habite principalement la Méditerranée, où on le pêche dans tous les parages, mais plus ordinairement sur les fonds limoneux. Celui de Provence et particulièrement de Toulon, a une certaine réputation. — On le pêche aussi dans la mer Noire et jusques sur les côtes de la Tauride.

Un autre percoïde, la Vive, dont la chair est assez recherchée, se pêche dans l'Océan et dans la Méditerranée, mais surtout dans cette dernière mer. Le type de l'espèce est la Vive commune (*Trachinus draco*), d'une couleur d'un gris roussâtre, plus brune vers le dos, plus pâle sous le ventre, avec des reflets bleus et jaunes ; taille 55 c. — Le nom de vive donné à ce poisson vient de la faculté qu'il a de vivre longtemps hors de l'eau.

Dans la famille des *Joues cuirassées* se trouvent plusieurs poissons marins, formant le genre *Trigle*, dont quelques-uns sont assez fréquemment portés sur nos marchés. Ce sont les *Grondins*, ainsi nommés, sans doute, à cause du son particulier qu'ils produisent lorsqu'on les saisit. Les plus connus sont : le GRONDIN ROUGE ou ROUGET COMMUN de Paris (*Trigla pini.*—Bloch), d'une belle couleur rouge ou dorée, plus pâle au-dessous, et plus vive sur les nageoires. Il est très-commun sur les côtes de l'Océan. Sa chair est de très-bon goût. — Le ROUGET-GRONDIN (*Trigla hirundo.* —Bloch), à dos brunâtre ou rougeâtre, avec des nageoires pectorales noires, la plus grande espèce du genre, tant de l'Océan que de la Méditerranée ; il peut, en effet, atteindre jusqu'à 70 c. ; il se consomme rarement frais ; on en fait des salaisons. — Le GRONDIN (*Trigla gurnadus.* — Linné), d'un gris brun parfois rougeâtre en dessus et blanc en dessous ; il est assez abondant sur nos côtes ; c'est celui que l'on apporte le plus généralement sur nos marchés et le plus connu des marchands de poissons.

La famille des *Sparoïdes* contient plusieurs espèces de *Sargues*, poissons marins littoraux, vivant surtout dans la Méditerranée. Ces poissons se nourrissent en général de petits crustacés ; cependant plusieurs espèces ont aussi un régime herbivore. Ils sont remarquables en ce qu'ils pondent deux fois par an, à l'époque des équinoxes. — Le type de ces espèces est le SARGUE ou SAR proprement dit (*Sargus rondeletii.* —Cuvier), à corps comprimé et élevé, d'un gris argenté, à reflets rougeâtres très-pâles sur le dos et blanchâtres sous le ventre, avec des lignes d'un gris plombé ou doré sur les flancs. Sa taille est d'environ 20 c.

Dans la famille des *Squammipennes* se trouve un poisson comestible qui se pêche parfois dans l'Océan , mais qui est surtout propre à la Méditerranée : c'est la CASTAGNOLE ORDINAIRE (*Bramaraii.*—Bloch), d'une taille de 75 c. environ, d'une couleur argentée, obscure, un peu brunâtre sur le dos.

Le LABRE , type de la famile des *Labraoïdes* , est un poisson marin de taille moyenne , de 35 à 40 c. de long, paré des plus belles couleurs, vert, jaune, bleu, rouge, que relèvent des reflets métalliques. Plusieurs espèces habitent les côtes de l'Océan et de la Méditerranée. — Les labres se tiennent toujours sur les bords de la mer, et au printemps, qui est pour eux l'époque du frai, ils se réfugient au milieu des fucus et des plantes marines pour y déposer leurs œufs. Les jeunes éclosent dans ce berceau végétal et y trouvent, pendant les premiers temps de leur vie, un abri contre la violence des vagues et contre leurs nombreux ennemis. Ces poissons, dont la chair est saine et agréable, paraissent souvent sur nos marchés. Parmi les diverses espèces, on distingue : La VIELLE COMMUNE ou PERROQUET DE MER (*Labrus bergylta.* — Ascanius), ainsi nommée à cause de la variété de ses couleurs et de la bizarrerie de leur agencement. Le bleu verdâtre du dos s'affaiblit sur les côtés et passe au blanc nacré sous le ventre. Tout le corps est couvert d'un réseau de mailles de couleur orangée ou aurore, brune sur le dos, rougeâtre sur la tête, vive sur le ventre et sur les nageoires qui sont bleues. Ce poisson est propre à l'Océan et est surtout commun sur les côtes de la Manche. — Le LABRE VARIÉ (*Labrus mixtus.*—Artedi), espèce commune à l'Océan et à la Méditerranée, a le corps plus allongé que le précédent. — Le LABRE LOURD (*Labrus turdus.*— Linné), qui paraît être propre à la Méditerranée, est plus étroit et plus svelte que la vielle.

Dans la famille des *Anguiliformes*, nous trouvons quelques poissons marins comestibles, tels que le congre ou anguille de mer et la murène.

Le CONGRE (*Murœna conger*) se trouve dans toutes nos mers ; sa taille peut atteindre 1 m. 75 à 2 m. de long et 45 c. de circonférence ; sa couleur est blanchâtre ; quoique la chair n'en soit pas très-délicate, il se trouve cependant souvent sur nos marchés. — Dans quelques pays on en fait des salaisons, lorsqu'il est pêché en grandes masses.

La MURÈNE, dont un grand nombre d'espèces habitent toutes les mers, a pour type la MURÈNE HÉLÈNE (*Murœna helena*) que la délicatesse de sa chair a rendue si célèbre chez les Romains. On sait que ces maîtres du monde faisaient construire des viviers sur les bords de la mer pour élever ce poisson en nombre souvent si considérable, que César, au retour de l'un de ses triomphes, en fit distribuer 6,000 à ses amis. La murène helène habite la Méditerranée ; sa voracité est extrême ; l'histoire rapporte, en effet, que le romain Vedius Pollion la nourrissait dans ses viviers, en lui faisant jeter ses esclaves fautifs : acte de cruauté révoltante, qui n'est passé à la postérité que pour flétrir le nom du barbare sensuel assez dénaturé pour s'en rendre coupable ! — La robe de la murène est d'un fond jaunâtre marqué de brun ; sa taille peut atteindre de 1 m. 50 à 1 m. 60 de long. Quoique moins estimée aujourd'hui que dans l'antiquité, elle est encore l'un des poissons les plus recherchés des côtes d'Italie.

Parmi les poissons marins de la famille des *Cartilagineux*, les plus inférieurs anatomiquement, il en est quelques-uns, tels que les *Raies*, dont la chair, quoique coriace, se mange. Il y en a plusieurs espèces habitant nos mers d'Europe. Chez toutes ces espèces le corps aplati horizontalement ressemble à un disque et la peau est toujours couverte d'une humeur gélatineuse. — La raie se tient ordinairement couchée dans la vase dont elle a la couleur. La femelle a des oviductes très-développés, et le mâle des appendices servant dans l'acte de la génération. La raie pond en été et ne produit que 12 à 15 œufs ou jeunes. — Chez ces poissons il y a un vrai rapprochement des sexes. — La raie est très-vorace ; elle se nourrit de petits animaux qu'elle guette au passage ; elle est de plus très-rusée pour échapper à ses ennemis : ce qui explique pourquoi, malgré son infécondité relative, elle est cependant assez commune. — Quelques espèces peuvent atteindre une très-grande taille et un poids de 100 kilogrammes ; telle est la RAIE BLANCHE ou CENDRÉE (*Raja batis*), qu'on rencontre dans presque toutes les mers.

Au-dessous de la catégorie des poissons marins comestibles sur lesquels je viens de donner quelques détails, et qui tous sont de taille grande ou moyenne, l'on pourrait former une seconde classe des poissons marins plus petits qui habitent nos côtes, et qui sont souvent livrés à la consommation. Je citerai parmi eux le SERRAN COMMUN (*Perca cabrilla*), percoïde dont la taille ne dépasse 10 à 12 c., qui se trouve très-communément dans la Méditerranée, et remonte même assez loin vers le Nord dans l'Océan. — Le PAGEL ORDINAIRE (*Sparus Erythrinus*), spare commun à l'Océan et à la Méditerranée.—La MENDOLE (*Sparusmœna*) et le PICAREL (*Sparus smaris*), ménides dont le premier est propre à la Méditerranée et le second commun à cette dernière mer et à l'Océan. — Les BLENNIES et les GOBIES ou *Goujons de mer*, gobioïdes comprenant un assez grand nombre d'espèces de petite taille, dont quelques-unes, à chair assez délicate, sont communes à nos mers européennes, ou bien habitent, soit l'Océan, soit la Méditerranée. — Les gobies sont surtout employés en friture, comme les goujons. Ces poissons viennent en bandes au bord de la mer, sur les fonds argileux. — D'après des observations faites dans la Méditerranée, une des espèces de gobies qui l'habitent fait un nid dans les algues, où le mâle demeure enfermé et attend les femelles qui viennent successivement y déposer leurs œufs qu'il féconde ensuite et protége. Il paraît qu'il défend aussi les jeunes pendant les premiers temps de leur vie. — Sous ce rapport, ses mœurs ont beaucoup d'analogie avec celles d'un très-petit poisson de ruisseau, l'épinoche.

Il existe quelques autres poissons marins, plutôt curieux qu'utiles, parmi lesquels je me contenterai de citer la TORPILLE, connue par ses propriétés électriques, dont une espèce de petite taille (25 c. environ) se trouve dans la Méditerranée. — L'*Ophisure* ou *Serpent de mer*, curieux par sa forme. — L'*Exocet,* auquel l'étendue de ses nageoires en forme d'ailes, qui lui permettent de s'élever pendant quelque temps hors de l'eau, a fait donner le nom de *Poisson volant.*

Il est aussi des poissons marins de très-petite taille, dont quelques-uns peuvent servir d'appâts pour amorcer les hameçons ; tels sont : l'*Equille* ou *Ammodite appât,* que les pêcheurs nomment *Anguille de sable,* parce qu'elle vit dans les sables, au bord de la mer. Ce petit poisson, de 20 c. environ de long, est bon à manger ; mais il est surtout recherché comme appât, — et le *Cépelan,* petit poisson de 15 à 18 c. de long, des mers septentrionales, recherché comme appât pour la pêche de la morue.

Un tout petit poisson marin, l'*Argentine,* vivant sur les

côtes de la Méditerranée, sert à la fabrication des fausses perles en Italie.

Je ne dirai rien des grands poissons de la tribu de *Squales*, qui en général sont peu employés par l'alimentation, si ce n'est pour mentionner l'un des plus redoutables, le REQUIN (*Squalus carcharias*), énorme poisson qui atteint de 8 à 9 mètres de long et dont la voracité est proverbiale. Destructeur acharné, il mérite bien qu'on lui fasse une guerre implacable, car il n'est utile à l'homme que par l'usage que l'industrie et les arts font de sa peau.

Je ne mentionne pas une foule de poissons marins, gros ou petits, de nos mers ou de celles des autres continents, vu leur peu d'utilité pour nous, et je passe à la deuxième question.

Quelles sont les espèces animales qui se reproduisent et se développent exclusivement dans les eaux douces, et pour lesquelles le mélange des eaux salées avec les eaux douces est funeste? En un mot, quelles sont les espèces purement fluviatiles?

A tout seigneur tout honneur!.... Je commencerai donc par les poissons les plus précieux, ceux qui appartiennent à la famille si recherchée et si estimée des *Salmones* ou *Salmonides*, et d'abord par le plus grand d'entre eux :

Le SAUMON HEUCH (*Salmo hucho*), poisson à robe argentée, semée sur les flancs de petites taches noires en forme de croissant; il peut atteindre une taille gigantesque

et un poids de 100 kilogrammes. Il habite surtout le
Danube et ses affluents ; mais il prospère aussi très-bien
dans les lacs de l'Allemagne et de la Hongrie principalement, où il vit à côté du brochet et de la carpe. Sa chair
blanche et fine est d'une grande ressource pour quelques
parties de l'Allemagne ; il abonde sur les marchés de
Munich. — Il fraie vers le mois de mai, et les jeunes prennent un accroissement très-rapide. Si on pouvait l'introduire dans nos cours d'eau, ce serait un très-grand service
rendu au pays ; — mais il y a une difficulté sérieuse à
transporter à de grandes distances les œufs de ce poisson,
à cause de la fragilité de leur pellicule et de la facilité avec
laquelle ils entrent en fermentation dans les boîtes qui les
renferment, pendant le voyage qui s'opère, à une saison où
la température commence déjà à être assez élevée. — En
mai 1865, un *millier* d'œufs de *heuch* me fut expédié par
l'établissement impérial de Huningue ; quoique les œufs
fussent déjà entrés en fermentation, je pus cependant en
trier environ 300 que je mis en incubation dans mon
châlet de pisciculture. Ils ont donné naissance à un petit
troupeau de jeunes, dont j'ai pu suivre le développement
extrêmement rapide. Après quelques jours d'alevinage,
ces jeunes heuchs ont été mis en liberté dans le Tarn,
d'où ils n'auront certainement pas tardé à descendre,
d'instinct, dans les eaux plus larges de la Garonne, lesquelles pourraient parfaitement convenir à l'espèce. —
Cette année, au commencement du mois de mai, une
seconde boite, qui contenait environ 700 œufs de heuch,

m'a été adressée d'Huningue ; mais l'état de décomposition était tel, qu'il m'a été impossible d'en trouver un seul qui pût supporter le déballage et l'incubation. — Si le gouvernement voulait propager ce poisson dans nos grands cours d'eau du Midi, l'on pourrait , je crois, obtenir de bons effets de l'emploi de la glace pour maintenir une température plus fraîche autour de la caisse contenant les œufs.

Le BÉCARD[1] (*Salmo hamatus*.—Cuvier), — ainsi nommé à cause du relèvement et de la courbure de la mâchoire inférieure, souvent assez prononcée pour rendre la bouche béante sur les côtés,—ne quitte pas, semble-t-il, les rivières, comme le fait le chef de la tribu, le saumon proprement dit. C'est un excellent et beau poisson, à robe d'un fond blanchâtre et tachetée de noir et de rouge ; sa chair est toujours très-recherchée pour la délicatesse de son goût. Il a, dans les fleuves, les mêmes habitudes que le saumon ordinaire, à l'époque où celui-ci y remonte : habitudes sur lesquelles je m'étendrai plus loin, lorsque j'aurai occasion de parler de cet estimé voyageur de nos fleuves.

LE SALVELIN (*Salmo salvelinus*) est l'espèce la plus estimée de la famille des salmonides. Ce poisson se trouve surtout en Bavière, dans les lacs Kenigssée et Saint-Bartholomé, et en Autriche dans le lac de Traun, et dans

---

[1] Le bécard, suivant quelques naturalistes, ne serait autre que le saumon ordinaire, présentant quelquefois chez les vieux individus une courbure et un relèvement plus prononcés de la pointe de la mâchoire inférieure. Toutefois, la question ne me paraissant pas parfaitement résolue, je conserve provisoirement le bécard comme espèce particulière.

tous ceux que forme la chaîne de montagnes qui s'étend de la Hongrie à Salzbourg — Le salvelin fraie en décembre. Il n'atteint pas une grande taille, mais il se vend fort cher. On pourrait l'introduire avec quelque espoir de succès dans les eaux froides du nord-est de la France, du Jura et des Vosges.

L'OMBRE-CHEVALIER (*Salmo umbra*), souvent confondu avec le salvelin, est un excellent poisson à dos verdâtre, blanc sous le ventre, qui habite les eaux très-fraîches ; il se trouve dans les lacs de la Suisse, principalement dans celui de Genève. Ses qualités le font rechercher à l'égal de la truite, et peut-être encore davantage. Il fraie de novembre à mars dans les eaux vives et courantes, sur les lits de cailloux ou de gravier. Le célèbre professeur du collége de France l'a introduit dans nos eaux.

L'OMBRE COMMUNE (*Salmo thymallus*), à robe brunâtre rayée de noirâtre longitudinalement, tachetée de noir et quelquefois de rouge, est aussi un excellent poisson qui se trouve dans les eaux douces de l'Allemagne, de la Suisse et de l'Auvergne. Il fraie en avril et mai sur les graviers et les cailloux, dans les eaux vives et courantes.

Les TRUITES, poissons délicieux, comprennent plusieurs espèces, toutes très-recherchées partout où elles vivent. Ces espèces sont : 1° la TRUITE SAUMONÉE [1] (*Salmo*

---

[1] On n'est pas d'accord sur la question de savoir si la truite saumonée n'est pas, en réalité, un individu de la grande catégorie de la truite commune acquérant des qualités de chair et une taille particulières, suivant la nature des eaux. Quoi qu'il en soit, il n'en est pas moins vrai que, dans les mêmes lacs et les mêmes torrents, on pêche souvent à la fois des truites, dont les

truita), qui peut atteindre une très-grande taille et un poids considérable, — 10 à 15 kilogrammes et même plus. — Sa robe argentée est semée de taches noirâtres. Sa chair rosée se rapproche beaucoup de celle du saumon : d'où le nom qu'elle porte. Aujourd'hui l'on peut faire des métis de saumon et de truite par les procédés de la fécondation artificielle, métis auxquels on peut indifféremment appliquer les noms de truite saumonée ou de saumon truité. — Ces truites habitent les lacs des pays montagneux. Celles de la Suisse sont renommées. Elles fraient d'octobre en décembre, dans les rapides, au pied des cascades, et déposent les œufs sur un lit de gravier ou de cailloux. — La truite saumonée, commune en Suisse, est plus rare dans les Pyrénées, où existent cependant des lacs magnifiques dans lesquels on pourrait la propager. Je me contente de citer les lacs d'Oo, près de Luchon, Bleu, près de Bagnères-de-Bigorre, au fond de la vallée de Lesponne, et de Gaube, près de Cauterets. — Qu'il me soit permis, en passant, de regretter que les propositions que j'ai faites concernant l'empoissonnement des eaux pyrénéennes, n'aient pas été acceptées.— 2° la T‍RUITE GRANDE DES LACS (*Salmo lemanus*), celle qui atteint la plus grande taille de l'espèce, se trouve, comme la précédente, dans les grands lacs, mais principalement dans le lac de Genève, où l'on

unes ont bien les caractères de l'espèce commune, tandis que d'autres en diffèrent beaucoup par la robe, la taille, la couleur de chair et le goût; ce qui pourrait faire supposer que ce sont deux espèces vivant fréquemment à côté l'une de l'autre.

en pêche du poids de 20 à 25 kilogrammes. Elle a la tête et le dos semés de taches rondes, noirâtres, sur un fond argenté. Sa chair, très-blanche et très-délicate, est fort recherchée. Cette espèce fraie de novembre en février, sur les graviers et les cailloux, dans les eaux rapides. — La facilité avec laquelle ses œufs subissent les opérations artificielles de la pisciculture peut rendre de grands services pour le peuplement des eaux des pays montagneux. — 3° La Truite commune (*Salmo fario*),—qu'on pourrait diviser en plusieurs espèces, ayant une telle analogie, que par le fait, elles semblent ne constituer qu'un seul groupe, — est très-répandue dans toutes les eaux fraîches et vives de l'Europe et de l'Amérique, surtout dans les parties centrales et septentrionales. On la rencontre dans tous les torrents et les lacs des montagnes, où elle s'élève jusqu'à la région des neiges. Elle est très-commune en Suisse, en Allemagne, dans les Alpes, les Pyrénées, etc. —Cependant, dans les Pyrénées, elle n'y est pas abondante comme elle devrait l'être dans les magnifiques torrents qu'on rencontre à chaque pas. — Quelques espèces du nord de l'Europe et de l'Amérique peuvent se distinguer facilement l'une de l'autre, mais il n'en est pas de même de celles qui habitent nos montagnes. — La truite commune n'atteint pas une grande taille ; sa longueur moyenne est de 15 à 20 c. L'on trouve rarement de vieux individus ayant 50 c. — Sa robe, d'un blanc argenté ou jaunâtre, est semée de taches brunes sur le dos et rouges sur les flancs, entourées d'un cercle clair, gris ou brun. Sa chair blanche est délicate et légère. La truite commune fraie de novembre en février dans les eaux rapides, sur le gravier et les cailloux.

Une observation qui s'applique à toutes les espèces de truites, — et qui d'ailleurs est commune à presque tous les salmonides, — c'est que l'incubation des œufs est très-longue : elle dure quelquefois de 80 à 90 jours et davantage. Après l'éclosion, les jeunes restent alourdis par une énorme vésicule ombilicale, pendant une période de 30 à 35 jours. Durant cette première phase de leur vie, les jeunes puisent dans cette vésicule la substance nécessaire à leur développement. Lorsque cette vésicule a **disparu**, non par séparation, mais par résorption, **le jeune** commence à prendre la forme de **poisson** et bientôt après l'appétit s'éveille chez lui : **il est** alors à l'état d'alevin. — Cette longue incubation des œufs et l'inertie des jeunes pendant leurs premiers jours suffisent pour expliquer le dépeuplement dont on se plaint dans les pays habités par la **truite**, — et ceci s'applique aussi au saumon, — lorsqu'on ne prend pas des moyens énergiques pour protéger les pontes et les jeunes générations. — Aussi ces espèces sont-elles celles sur lesquelles doivent surtout se pratiquer les procédés artificiels, qui mettent à l'abri de tout danger des semences si précieuses. Ce sont aussi les plus dignes d'attirer l'attention protectrice du législateur. C'est grâce à la combinaison de ces divers moyens, que ces espèces contribuent pour une si belle part à la richesse ichtyologique de l'Ecosse et de l'Irlande.

Parmi les autres salmonides que les qualités de leur chair font rechercher, je citerai encore les *Lavarets* ou *Corégones*, comprenant plusieurs espèces propres aux eaux douces de l'Europe, surtout dans les régions froides, et à celles de l'Amérique du Nord et de quelques parties de l'Asie. — Parmi les espèces européennes les plus connues se trouvent : le CORÉGONE-LAVARET (*Salmo coregonus.* — Wartmani, Bloch), à museau tronqué au niveau de la bouche, à forme effilée, qu'on rencontre surtout dans les lacs de Constance, du Bourget et dans le Rhin. Il fraie en septembre et octobre, sur les lits de cailloux ou de pierres roulées dans les eaux très-rapides ; — la FERA (*Coregonus fera*) et la GRAVENCHE (*Coregonus hyemalis*), qui se trouvent l'une et l'autre surtout dans le lac de Genève ; — la PALÉE NOIRE (*Coregonus palea*), à teintes foncées, qui habite principalement le lac de Neufchâtel ; — le SIK (*Salmo sikus*) à museau proéminent, à corps brun, des rivières de Norwège. — Enfin, la MARÈNE (*Salmo marœna*), à museau un peu plus avancé que la bouche, se trouvant dans les lacs de Brandebourg.

La famille des *Perçoïdes* renferme plusieurs poissons d'eau douce recherchés pour les qualités de leur chair, presque à l'égal des salmonides.

La PERCHE, type de la famille, comprend plusieurs espèces de taille moyenne ou assez grande, propres à l'Europe, à l'Asie et à l'Amérique. La plus connue de nos espèces est la PERCHE COMMUNE (*Perca fluviatilis*), à

corps un peu comprimé retréci vers la tête et vers la
queue ; museau terminé en pointe mousse ; queue presque
cylindrique ; couleur variant suivant la nature des eaux
au milieu desquelles vit le poisson, mais dont le fond est
d'un jaune plus ou moins doré ou verdâtre passant au
jaune vif sur les flancs, et au blanc presque mat sous le
ventre, avec cinq ou six bandes noirâtres sur le dos ;
nageoires de couleurs diverses. — La perche, l'un des
plus beaux et des meilleurs poissons d'eau douce, se
trouve dans nos rivières, nos canaux, nos lacs et nos
étangs. Sa taille ne dépasse guère dans nos pays 45
à 50 c. ; mais il paraît que vers le nord, en Laponie et en
Suède, elle peut atteindre jusqu'à 1 mètre. — Du reste,
sa taille semble être proportionnée à l'étendue des eaux
qu'elle habite ; car dans les viviers et réservoirs où elle
multiplie beaucoup, elle n'a guère plus de 20 à 25 c. —
Ce poisson, déjà recherché par les anciens, l'est encore
beaucoup chez nous pour la finesse et la fermeté de sa
chair blanche. Après la truite, il est peut-être le meilleur
poisson de nos eaux douces. — La perche remonte très-
haut les rivières ; mais elle ne s'approche jamais de leur
embouchure ; elle fuit avec soin l'eau même légèrement
salée.— Sa voracité la fait prendre facilement à l'hameçon,
qu'elle avale quelquefois en entier ; elle se prend aussi
au filet. — Dès l'âge de trois ans, elle est adulte ; elle a
alors de 15 à 16 c. Elle fraie de mars à mai, dans les
eaux calmes où elle déroule ses œufs, de la grosseur d'une
graine de pavot, en longs cordons repliés parfois sur eux-

mêmes, de manière à former de petits pelotons ou d'espèces de bourses, qu'elle suspend aux herbes, aux racines, en un mot à tous les végétaux. — Sa fécondité est prodigieuse ; on peut en effet trouver jusqu'à 250 grammes d'œufs dans un sujet de 1 kilogramme. Le nombre de ces œufs, d'après Picot, peut être estimé à un million. — En Laponie, les habitants préparent avec la peau de leur grande perche une colle forte très-solide.

Le SANDRE COMMUN (*Lucio perca sandra*), percoïde dont la chair blanche et savoureuse est aussi estimée que celle du saumon, habite les fleuves et les lacs du nord et de l'est de l'Europe. Le sandre ressemble à la perche par ses nageoires et au brochet par ses dents, d'où lui est venu le nom de *Brochet-Perche*. — Il se trouve dans les eaux vives et profondes de l'Allemagne, surtout dans le lac Kammersée, près de Munich. Il fraie en avril et mai, dans les fonds pierreux et les eaux vives. — Le poids de cet excellent poisson s'élève jusqu'à 15 kilogrammes. S'il pouvait être introduit dans nos eaux froides, ce serait une précieuse conquête pour la France.

La GREMILLE COMMUNE ou PERCHE GOUJONNIÈRE (*Perca cernua*) est un petit poisson olivâtre, tacheté de brun, qui habite surtout le Rhin et la Seine, et se tient aux embouchures des petites rivières qui s'y jettent. Sa chair est de très-bon goût ; il peut être facilement transporté et élevé dans les viviers.

Je citerai encore deux autres gremilles : le SCHRŒTZ (*Perca schraitzer*), qui habite principalement le Danube et ses affluents, et le Babir (*Perca acerina güldenstedt*) habitant surtout le Dniepper et le Don.

Le Silure d'Europe (*Sildrus glanis*), type de la famille des siluroïdes, est le plus grand poisson de nos eaux douces ; sa taille peut atteindre, en effet, jusqu'à 4 mètres de long ; aussi l'a-t-on quelquefois appelé la *Baleine* d'eau douce. — Le corps du silure est antérieurement lisse et dépourvu d'écailles ; sa tête est grosse et aplatie horizontalement, et son museau très-arrondi ; ses deux mâchoires sont garnies d'un très-grand nombre de dents ; du reste, cettte armure formidable répond parfaitement à sa voracité, qui s'accommode de toute espèce de matière animale et même végétale. — Sa couleur est, en dessus, d'un noir verdâtre qui s'éclaircit sur les côtés et sur le flanc. Ce poisson, répandu dans la plupart des grandes rivières du nord et de l'est de l'Europe, telles que l'Elbe, le Rhin le Danube, le Volga, est commun en Allemagne et en Hongrie ; mais il ne s'est répandu ni en deçà du Rhin, ni au midi des Alpes. — Dans ces dernières années, on a cherché à l'acclimater dans plusieurs parties de la France. — Le silure est paresseux ; il se tient dans les profondeurs des eaux, sur les bas-fonds argileux et vaseux dans lesquels il s'enfonce pour guetter sa proie. Cette habitude le rend difficile à prendre au filet, dont la plombée passe sur lui sans pouvoir le saisir. Sa chair a quelques-unes des qualités de celle de l'anguille ; elle est blanche, grasse, douce et agréable au goût, mais quelquefois mollasse et visqueuse, suivant la saison où il est pêché. — Le silure fraie au printemps, d'avril à juin, dans les eaux très-calmes, et dépose ses œufs entre les racines et les végétaux.

La famille si nombreuse des *Cyprinoïdes* peuple les eaux douces du monde entier ; mais la plupart de ses espèces appartiennent aux eaux douces de l'Europe et de l'Asie. — Ce sont des poissons éminemment d'eau douce ; et si quelques-uns descendent très-bas dans les fleuves, ils n'entrent jamais dans les eaux salées, ou bien ce n'est que très-exceptionnellement. — Cette famille comprend un grand nombre d'espèces qui se trouvent dans nos eaux.

Le principal des cyprins est la Carpe, comprenant plusieurs espèces, dont le type, si connu de tout le monde, est la Carpe vulgaire (*Cyprinus carpio*), à corps légèrement comprimé, plus arrondi en dessous et légèrement en toit en dessus ; bouche petite, sans dents, mais garnie d'une lèvre épaisse ; tête et nageoires entièrement nues, mais le corps garni de grandes et fortes écailles d'un vert bouteille plus ou moins foncé sur le dos, sur la tête, sur les nageoires et sur le bord des écailles dont le centre est doré : coloration variant du reste beaucoup, suivant la nature des eaux habitées par l'animal. — La taille de la carpe, qui en moyenne est de 50 à 40 c., acquiert, dans certains fleuves et étangs, des dimensions bien plus considérables. On en trouve en effet dans le Rhin et dans le Volga, qui mesurent 1 mètre de long ; et, dans le Dniester, quelques-unes qui vont jusqu'à 1 m. 50 c. Au dire de Jovius, le lac de Come en nourrirait quelques-unes pesant jusqu'à 100 kilogrammes. La carpe habite surtout les eaux douces de l'Allemagne, de la Prusse, de la Hollande, de l'Angleterre, de la France, de l'Italie, etc. ; elle ne va pas vers le Nord aussi haut que le saumon, et on ne la trouve pas à l'état de nature dans les eaux de la Suède.

Il semble que la carpe n'existait pas dans les Gaules du temps de la conquête romaine. En Angleterre, où elle est aujourd'hui si abondante, elle n'a été introduite par Marshal que vers le commencement du XVIe siècle. Vers 1550 elle fut importée par Pierre Oxe dans les eaux du Danemark, d'où elle passa en Prusse et de là à Saint-Pétersbourg, en 1729 seulement.

La carpe fraie d'ordinaire en mai et juin ; mais elle retarde jusqu'au mois de juillet dans les pays moins chauds. La femelle choisit les lieux herbeux, et se tient près de la surface de l'eau, où le mâle vient la rechercher en battant fortement l'eau avec la queue. Généralement deux ou trois mâles suivent chaque grosse femelle pour féconder ses œufs. Au moment du frai, les carpes se rendent en grand nombre dans les parties des rivières où les eaux tranquilles sont recouvertes de plantes aquatiques auxquelles les œufs adhèrent, et au milieu desquelles l'incubation peut se poursuivre sans trouble. Cette incubation est ordinairement de très-courte durée ; elle

ne dure guère plus de sept à huit jours. — La fécondité
de la carpe est considérable : un sujet de 50 c. peut produire jusqu'à 700,000 œufs.

Quelques pêcheurs sont très-habiles pour attirer, au
moment du frai, des troupeaux de carpes dans les nasses qu'ils tendent à fleur d'eau, sous une nappe artificielle de plantes aquatiques, imitant parfaitement les
frayères naturelles. — Manœuvre coupable, qui anéantit
dans leur germe des générations entières.

La carpe peut vivre très-longtemps. On cite, en effet,
les grosses carpes des bassins de Fontainebleau, dont
quelques-unes remontent, dit-on, au temps de François Ier,
et celles de Chantilly et de Pontchartrain, qui seraient
contemporaines du grand Condé. — La carpe reste longtemps hors de l'eau sans mourir ; aussi peut-on la transporter assez loin, au milieu d'herbes humides. Elle saute
comme le saumon, pour remonter et franchir les obstacles. Elle est assez difficile à prendre, car ou bien elle
s'enfonce dans la vase et, comme le silure, laisse passer
le filet sur elle, ou bien elle en franchit lestement le bord
supérieur, si ce filet, par exemple, est une seine. — Sa
nourriture ordinaire se compose de frai, de petits poissons,
d'insectes, de vers et de quantité de substances animales
et végétales qui, le plus souvent, sont à moitié putréfiées.

Les carpes peuvent être très-facilement élevées dans les
étangs et donner même certains bénéfices ; mais lorsque
les eaux sont bourbeuses et rarement renouvelées, le
poisson contracte un goût de vase désagréable, qu'on peut

du reste lui faire perdre en le faisant dégorger dans
l'eau vive pendant quelques jours. — Quelques carpes
ont la tête et une partie du corps couvertes d'une espèce
de mousse blanche, qu'on prend souvent pour un signe
de vétusté, mais qui n'est en réalité qu'un parasite végétal
se développant sur les écailles ; c'est ordinairement l'in-
dice certain que l'eau est mauvaise et a besoin d'être
renouvelée.

Le système de coloration des carpes varie beaucoup ; on
connaît, en effet, des carpes ordinaires rouges ou oran-
gées, d'autres grivelées ou marbrées de jaune ou de vert
noirâtre, d'autres presque blanches avec les écailles bor-
dées de vert foncé.

Parmi les carpes d'Europe, on peut citer encore : la
Gibèle (*Cyprinus gibelio*), ayant une taille moyenne de
30 c., rare en France, mais commune dans le nord de
l'Europe. — La Bouvière ou Peteuse (*Cyprinus amarus.*
— Bloch), la plus petite de nos carpes, dont le corps ne
dépassant guère 5 c., est verdâtre en dessus et d'un bel
aurore en dessous, et se revêt en avril, au moment du
frai, d'une belle ligne d'un bleu d'acier, de chaque côté
de la queue.

Parmi les cyprins étrangers, l'un des plus remarquables
par l'éclat de la robe, est la Dorade de la Chine ou Poisson
rouge (*Cyprinus auratus*), ne dépassant guère 25 c. de
long, qui fait l'ornement de nos bassins. On dit que les
premières dorades connues en France arrivèrent au port
de Lorient, dans le jardin de la compagnie des Indes, et

que les directeurs en firent des présents à madame de
Pompadour.

Le Barbeau est aussi l'un des cyprinoïdes les plus répandus ; il se trouve dans toutes les eaux douces de
l'Europe, dans le Nil, au nord de l'Atlas et dans l'Inde.
Il y en a un grand nombre d'espèces, dont le type est
pour l'Europe le Barbeau commun (*Cyprinus barbus*), plus
long et moins comprimé que la carpe, à tête oblongue,
d'un gris olivâtre sur le dos, prenant parfois des tons
bleu d'acier, se changeant insensiblement en un bleu
argenté sur les flancs, et en blanc mat avec des reflets
un peu nacrés sous la gorge et sous le ventre. Ce poisson
habite surtout les eaux douces de la France, de la Belgique,
de la Hollande, de l'Allemagne ; il est plus rare en Italie,
et il ne s'étend pas beaucoup au Nord. Il peut atteindre
une assez grande taille. Dans la Seine on en pêche qui
mesurent 75 c. de long, et dans l'Elbe on en voit qui
ont jusqu'à 1 m. et 1 m. 50. Lorsque ce poisson est
jeune, il prend le nom de *barbillon*, et il n'est pas très-
agréable à manger à cause de ses nombreuses arêtes ;
mais lorsqu'il est plus gros, sa chair fine et blanche est
assez estimée. — Ses œufs sont dangereux à manger à
l'époque du frai ; ils peuvent causer alors des accidents
gastriques et des vomissements très-graves. Le barbeau
fraie en mai et juin, sur les graviers ou les cailloux, dans
les eaux courantes. — L'incubation des œufs ne dure
guère plus de dix à douze jours. — Les jeunes se dispersent presque aussitôt nés.

La Tanche (*Cyprinus tinca*) est un poisson de taille moyenne, au corps large et trapu, couvert de petites écailles d'un brun jaunâtre, offrant quelquefois de beaux reflets cuivrés et dorés, et constamment couvert d'un suintement baveux et glissant, qui le fait facilement échapper des mains ; il est assez recherché pour les qualités de sa chair. La tanche est répandue dans toutes les eaux douces de l'Europe. — Elle fraie en juin et juillet dans les eaux dormantes et chaudes, et dépose ses œufs sur la vase, les végétaux et les racines, où ils éclosent après une incubation de six à huit jours.

Le Goujon, dont une dizaine d'espèces se rencontrent en Europe, en Asie et en Amérique, et qui a pour type notre Goujon ordinaire (*Cyprinus gobio*), est un poisson de petite taille, atteignant rarement 15 c., à nageoires piquetées de brun et à robe d'un gris argenté parsemé de petites taches brunes. Il est recherché pour son bon goût ; il se mange surtout en fritures. Il vit en troupes abondantes dans presque toutes les eaux douces de l'Europe ; néanmoins il est rare en Italie, et dans le Nord il ne remonte pas plus haut que le sud de la Suède. — Ce cyprinoïde est connu depuis fort longtemps : c'est le χωβιος des Grecs et le gobio des Latins. Il fraie d'avril à juin, dans les eaux courantes, et dépose ordinairement ses œufs sur les graviers, mais aussi quelquefois il les pond dans les herbes.

Une *tribu* assez nombreuse des cyprinoïdes, formant le genre *able* et se composant d'espèces nommées vulgairement *poissons blancs*, est répandue dans presque toutes les eaux douces du globe et surtout dans celles de l'Europe. M. Valenciennes en décrit 150 espèces, dont il forme trois groupes : 1° *les Brêmes ;* 2° *les Bouvières ;* 3° *les Ables.* — Je vais adopter cette division.

1° Les BRÈMES sont très-connues en Europe et principalement dans le Nord ; les plus connues sont : la BRÈME COMMUNE (*Cyprinus brama et furensis*), la plus grande espèce du groupe ; de la taille de la carpe, ayant le corps allongé en ovale et recouvert d'écailles grandes et régulières ; la tête petite et courte. Sa couleur varie suivant la nature et la limpidité des eaux qu'elle habite ; mais elle est généralement d'un argenté très-brillant, à reflets dorés ou irisés, à légères teintes vertes sur le dos.

La brème était autrefois assez recherchée par la consommation ; mais elle l'est beaucoup moins depuis que la carpe s'est multipliée. Elle habite surtout les lacs et les grands fleuves, tels que la Loire, le Rhône, l'Escaut, la Seine, le Rhin, le Danube, etc... Dans la Seine, au-dessus de Rouen, on en pêche d'une taille de 40 à 50 c. et d'un poids de 4 à 5 kilogrammes. On la trouve jusqu'en Suède et en Russie, mais on ne la rencontre plus en Italie ni en Espagne. Elle se nourrit de vers, d'insectes et de toutes matières organiques, comme la carpe. Elle fraie au printemps, en avril et mai, dans les eaux courantes, sur les végétaux et les graviers.

La PETITE BRÈME ou BORDELIÈRE (*Cyprinus bliaca*), espèce beaucoup plus petite que la précédente et moins estimée, est répandue dans presque toute l'Europe et en Orient. Elle est peu consommée ; elle sert ordinairement de pâture aux autres poissons de rivière.

2° Les BOUVIÈRES ont pour type la BOUVIÈRE (*Cyprinus amarus.* — Bloch), dont j'ai dit quelques mots en parlant du genre carpe. — Je n'y reviens pas.

3° Les ABLES : Ce groupe très-nombreux, abondant dans les eaux de l'Europe, se retrouve également dans celles de quelques parties de l'Asie, de l'Afrique et de l'Amérique — Parmi les ables qui habitent nos eaux douces, je citerai :

Le MEUNIER ARGENTÉ (*Cyprinus argentatus*), à robe blanche argentée, avec une nuance d'un gris verdâtre plus ou moins foncé sur le dos ; à tête large et à museau rond ; pectorales et ventrales rouges. Sa chair blanche et molle est insipide et peu recherchée ; cependant les ménages peu aisés la consomment ordinairement, à cause de son bas prix. Dans certains pays on lui donne le nom de *Chabot* ou *Cabot*, nom qui appartient aussi à une autre espèce bien différente. — Il fraie d'avril à juin, dans les eaux courantes, sur les graviers et les cailloux.

Le MEUNIER CHEVANNE (*Cyprinus dolula*), quelquefois confondu avec le précédent, en diffère cependant par la nuance verte assez prononcée qui règne sur le dos, et par la forme effilée de la tête et du museau. Sa chair est plus fine que celle du meunier argenté, et serait sans doute beaucoup plus recherchée qu'elle ne l'est, sans son grand nombre d'arêtes. Cette espèce fraie à la même époque et dans les mêmes conditions que la précédente.

Le Meunier gardon (*Cyprinus idus.* — Bloch), à peu près de la même robe que le meunier argenté, à tête moins large, à dos plus relevé, mais d'une taille moindre, est d'une abondance extrême dans certaines eaux, dans les canaux surtout. Sa chair fade le fait peu rechercher. Il fraie en mai et juin, dans les eaux tranquilles ou légèrement courantes, sur les végétaux.

La Vandoise (*Cyprinus leuciscus.*—Bloch), à corps étroit, d'un gris argenté, verdâtre sur le dos, devenant blanc sous les flancs, à tête petite et à museau pointu, ne dépasse guère la taille de 20 à 25 c. de long. Ce poisson est très-commun dans certains cours d'eau du midi de la France, où il prend les divers noms de *Brigne* et de *Sofie*. Il vit en troupes, et au moment du frai, — de mars à mai, — il se réunit dans les eaux rapides, sur les graviers, pour y déposer ses œufs ; il vit alors en masses si compactes, qu'il est arrivé à certains pêcheurs d'en prendre plusieurs centaines de kilogrammes dans l'espace de quelques heures. Sa chair est délicate et fine, et serait beaucoup plus recherchée si elle n'avait l'inconvénient d'être semée d'un grand nombre d'arêtes petites et fines ; du reste, comme son extrême abondance la fait vendre à un très-bas prix, elle est encore d'une certaine ressource pour les ménages peu aisés.

L'Ablette (*Cyprinus alburnus*), à corps étroit, argenté, brillant, à nageoires pâles, est très-abondante dans toute l'Europe. Ce poisson, d'une taille de 15 à 18 c., entre peu dans l'alimentation, quoiqu'il soit comestible. Dans certains endroits, où il est pêché avec abondance, comme dans la basse Seine, par exemple, ses écailles sont employées à la fabrication des fausses perles. L'ablette fraie en mai et juin, dans les eaux courantes, sur les végétaux et les racines.

Le VAIRON (*Cyprinus phoxinus*), le plus petit de nos poissons, est verdâtre sur les côtés, blanc sous le ventre, gris sur le dos, tacheté de noirâtre. Il est très-abondant dans certaines rivières du midi de la France, où on le mange frit comme le goujon. Le vairon fraie en mai et juin, dans les eaux très-courantes, sur les graviers. A ce moment, il se rassemble en bandes nombreuses, revêtu de la livrée des amours et paré des couleurs vertes, rouges et jaunes des plus éclatantes.

Les LOCHES (*Cobitis*) constituent aussi un genre assez nombreux parmi les cyprinoïdes : on en a décrit plus de cinquante espèces, parmi lesquelles trois seulement sont européennes : toutes les autres appartiennent aux eaux de l'Inde. — Ce sont des poissons petits ou de taille moyenne, à corps allongé, revêtu de petites écailles et enduit de mucosités, à bouche petite entourée de barbillons.

Les espèces européennes sont :

La LOCHE FRANCHE (*Cobitis barbatula*), longue de 10 à 15 c., nuagée et pointillée de brun sur un fond jaunâtre ; à six barbillons. Ce poisson, dont la chair est excellente frite, est commun dans nos ruisseaux où il fraie, au milieu des courants, sur les pierres et les cailloux, en avril et mai.

La Loche d'étang (*Cobitis fossilis*), qui est probablement le Κοβιτις des anciens, est beaucoup plus grande que la précédente : sa taille peut, en effet, atteindre jusqu'à 30 c. Son corps, d'un fond gris, est rayé longitudinalement de jaune et de brun. Elle a dix barbillons. — Elle se tient dans la vase des étangs, où elle s'enfonce profondément pendant les fortes gelées ; aussi sa chair molle et sentant la vase est-elle peu estimée. — Elle fraie ordinairement en septembre, dans les eaux très-calmes, sur les végétaux.

La Loche de rivière (*Cobitis tænia*), à corps comprimé, de couleur orangé marquée de séries de taches noires, à tête effilée munie de six barbillons, est plus petite que les précédentes. Elle se tient dans les rivières, entre les pierres, où elle fraie au printemps. — Sa chair est coriace et peu recherchée.

La famille des cyprinoïdes comprend encore un certain nombre de poissons d'eau douce, mais qui la plupart habitent les eaux étrangères, et que je crois inutile de citer.

Parmi les poissons fluviatiles de la famille des *Joues cuirassées*, il en est deux que je mentionnerai : le Chabot et l'Épinoche.

Le Chabot (*Ctotus gobio*), poisson dont la taille ne dépasse guère 10 à 15 c., est commun dans toutes les eaux douces de l'Europe, depuis l'Italie jusqu'en Suède, surtout dans celles dont le fond est sablonneux et pierreux. Ce cotte est d'un gris brunâtre. J'ai déjà dit que dans certains pays il est confondu, du moins de nom, avec le meunier, dont il diffère cependant beaucoup, ne fût-ce que par les cuirasses de ses joues. Quoique bon à manger, il n'est cependant pas de grande ressource pour l'alimentation.

L'ÉPINOCHE (*Gasterosteus*), très-petit poisson d'une couleur grise, passant au blanc sous le ventre, vit en très-grande abondance dans certains ruisseaux et dans les rivières de l'Europe. On en connaît plusieurs espèces, dont la taille varie de 1 à 10 c. Ce petit poisson est surtout remarquable par ses habitudes de nidification, si bien décrites par M. Coste, et dans le détail desquelles je n'entrerai pas ici. Il me suffit de rappeler, à ce sujet, que le mâle seul travaille à l'édification du nid, en entassant successivement des couches d'herbes et de sable auxquelles il donne une certaine cohésion en y appliquant sa face ventrale. Quand le nid est terminé, il présente deux ouvertures. Alors le mâle, revêtu des vives couleurs qui sont la livrée de ses amours, provoque par ses manèges l'entrée dans son nid d'une femelle qui vient y déposer ses œufs, en passant par l'un des trous et en sortant par l'autre. Le mâle féconde aussitôt ces œufs et recommence le même manège avec d'autres femelles, jusqu'à ce que le nid contienne la quantité d'œufs qu'il doit avoir. Alors le mâle ferme l'une des deux ouvertures et, se tenant à portée de l'autre, surveille l'incubation des œufs qui dure ordinairement de dix à douze jours. Il surveille aussi et protège contre tout ennemi les jeunes qui viennent de naître, et que la vésicule ombilicale dont ils sont munis, comme les salmonides, retient dans un état d'immobilité et de lourdeur qui les rendraient facilement la proie des autres poissons, sans la protection toute paternelle dont ils sont entourés. Après quinze ou vingt jours la vésicule est résorbée, et alors les jeunes épinoches prennent leurs ébats, sous le regard attendri du père, heureux d'une si nombreuse postérité. — Les femelles ont la faculté de pondre plusieurs fois dans l'année, circonstance qui explique la prodigieuse multiplication de cette espèce.

Dans la famille *des Gadoïdes*, qui renferme des poissons marins si importants pour l'alimentation, nous ne trouvons qu'un seul poisson d'eau douce, la LOTE COMMUNE (*Lota vulgaris*). — Ce poisson d'un aspect étrange, au corps cylindrique d'un vert olivâtre clair, avec des taches et des ondes irrégulières d'un brun verdâtre foncé répandues sur tout le corps, à l'exception du ventre, est fort estimé pour la table. Sa taille ordinaire est de 30 à 50 c., mais elle peut atteindre 1 m. de long et un poids de 3 à 4 kilogrammes et même plus. — La lote est l'un des poissons les plus voraces ; elle engloutit tout ce qui remue autour d'elle. Elle reste ordinairement cachée pendant le jour ; aussi les pêcheurs ne la prennent-ils que pendant la nuit. Elle fraie en décembre et janvier, sur les graviers, où les œufs éclosent après six semaines environ d'incubation. — La lote, répandue dans quelques cours d'eau de l'est de la France, est très-abondante dans les lacs Leman et du Bourget, ainsi que dans les rivières et les lacs de l'Allemagne, du Danemark, de la Suède et de la Russie.

Dans la famille des ANGUILLIFORMES, je ne citerai qu'un poisson curieux à étudier, à cause de ses propriétés électriques : c'est la GYMNOTE ÉLECTRIQUE (*Gymnotus electricus*), ressemblant par sa forme allongée à l'anguille ordinaire, et appelée souvent, à cause de cette ressemblance, *Anguille électrique*. Étrangère à nos eaux douces, la gymnote paraît propre à celles de l'Amérique du Sud. Sa taille peut atteindre une longueur de 2 mètres. Sa couleur générale est noirâtre. — Le mode de reproduction de ce poisson est peu connu ; on sait seulement que les femelles sont vivipares, c'est-à-dire que les œufs éclosent dans le ventre ou dans une sorte d'oviducte. — La gymnote jouit d'une puissance électrique quelquefois foudroyante, dont le siége est placé dans un appendice qui règne au-dessous de la queue, et se divise en quatre faisceaux longitudinaux formés d'un grand nombre de veines membraneuses et parallèles : disposition qui fait de cet appendice un assemblage de batteries ou de piles voltaïques naturelles, dont la puissance combinée produit ces effets électriques si remarquables.

Je dois signaler, à cause de sa physionomie singulière et étrangère, un petit poisson type du genre *Blennie :* c'est la **BLENNIE CAGNETTE**, qui en quelques endroits de la France est appelée *Baveuse*.

Ce poisson, à tête massive et brusquement abaissée vers la bouche dont les lèvres sont charnues, a la mâchoire supérieure un peu plus avancée que la mâchoire inférieure. Il se distingue par un appareil dentaire formidable. Son corps, d'une couleur fauve, à bandes brunes transversales, est arrondi sur les flancs et graduellement déprimé vers les parties postérieures. Il est démuni d'écailles et recouvert, comme la tanche, d'un suintement baveux. La taille de la blennie ne dépase guère 10 c. — Ce petit poisson, dont les habitudes sont peu connues, est du reste très-peu abondant. On en pêche cependant quelques-uns dans les cours d'eau méridionaux de la France et dans les canaux du Midi. La chair de la blennie est assez délicate. — Elle paraît frayer pendant l'été et rechercher les fonds pierreux.

Je citerai enfin, pour mémoire, une excellent poisson de la Chine, encore étranger à nos eaux, le fameux Gourami, qu'on a acclimaté à l'Ile de France.

Je crois peu utile d'étendre cette seconde catégorie en y ajoutant d'autres espèces d'eaux douces, qui nous sont inutiles ou étrangères, et je passe à la troisième question.

Quelles sont les espèces animales d'eaux saumâtres, et celles qui se plaisent également dans les eaux douces et dans les eaux salées?

Cette classe de poissons que j'appellerai intermédiaires

ou mixtes, et qui forme une troisième catégorie comprenant des poissons bien précieux, se compose d'espèces vivant d'ordinaire, soit dans les eaux salées qu'elles abandonnent momentanément pour remonter dans les fleuves, soit dans les eaux douces qu'elles quittent pour se rendre à la mer, soit dans les eaux mélangées d'eau douce et d'eau salée ou saumâtres, aussi bien que dans la mer.

§ 1ᵉʳ. — Parmi les poissons vivant habituellement dans la mer et qui remontent, à des époques périodiques dans les eaux douces, se présente en première ligne le roi de la tribu des salmonides, le SAUMON.

Le saumon, — l'un des poissons les plus renommés pour la bonté de sa chair, dont la couleur particulière a donné le nom à une nuance qu'on appelle *saumonée* ou simplement saumon, — est répandu en Europe, en Asie et en Amérique, dans les contrées septentrionales, sur les côtes de diverses mers, et remonte certains grands fleuves et cours d'eau en grande abondance. Il en existe un grand nombre d'espèces, dont le type, pour celles qui vivent en Europe, est le SAUMON COMMUN (*Salmo salar*). — Ce poisson a le corps assez allongé, le museau pointu, le dessus du crâne arrondi, lisse et couvert par la peau nue et sans écailles, et le corps recouvert d'écailles petites presque rondes. Il a le dos d'un bleu d'ardoise, les flancs argentés, le dessous du corps et les joues d'un blanc argenté, nacré, et la gorge d'un blanc mat. De gros points noirs sont épars autour du bord supérieur de l'œil et sur la tête ; le dos et les flancs sont marqués par des ocelles irrégulières brunes, qui disparaissent souvent lorsque le saumon est dans l'eau douce. — Ce poisson est l'une des espèces les plus communes sur les côtes septentrionales de l'Europe baignées par l'Océan. On le prend aussi abondamment dans la Baltique, dans la mer Blanche et dans la mer Caspienne. Il est commun en Allemagne, en Suède, en Angleterre, en Écosse et en Irlande surtout, où sa reproduction et sa conservation sont protégées d'une manière très-efficace par la législation, et où des engins, connus sous le nom d'*échelles à saumons,* ont été appliqués en divers endroits afin de lui faciliter la montée dans les rivières. — Je parlerai plus loin de ces échelles. Grâce à l'abondance de ce poisson, résultat d'une protection bien entendue, le revenu brut de la pêche du saumon et de la truite, en Écosse et en Irlande, s'élève à plus de *dix-sept millions* de francs, somme dans laquelle le produit de la capture du saumon entre pour la plus grande part. — Je cite ce chiffre en passant, et uniquement pour donner une idée de l'abondance de ce poisson chez nos voisins d'outre-Manche.

Le saumon vit dans la mer, ordinairement peu loin des côtes, où il se nourrit de crustacés, de mollusques et d'une foule de poissons petits ou de taille moyenne, tels que : harengs, sardines et autres ; aussi grandit-il très-rapidement dans son jeune âge, pendant l'intervalle d'une migration à l'autre. — Le saumon remonte dans les fleuves

pour y frayer vers les mois d'octobre ou de novembre,
et termine ordinairement sa ponte en décembre. Il est
d'une force prodigieuse pour franchir les obstacles qui lui
barrent la route, et il ne s'arrête que devant les chutes
perpendiculaires. — Lorsque la femelle veut pondre, elle
choisit, dans un beau courant, un lit de gravier, dans
lequel elle creuse, en agitant sa queue avec force, un
berceau où elle dépose ses œufs que le mâle vient aussitôt
féconder. Au moment du frai, les femelles sont toujours
accompagnées de quelque mâle, qui guette le moment où
la ponte va avoir lieu. — On comprend que le nombre
d'œufs pondus doit varier beaucoup, suivant la taille de
la femelle. Toutefois, comme les œufs de cette espèce sont
très-gros, — 5 à 6 millimètres, — quelle que soit la
taille de la femelle, le chiffre de sa ponte est assez limité.
— Une saumone de 4 à 5 kilogr. peut pondre de neuf à
10,000 œufs ; et les plus grosses environ 20,000. —
On le voit, nous sommes bien loin du chiffre que donnent les pontes de quelques autres poissons. — L'incubation des œufs dure très-longtemps ; elle est en moyenne
de 80 à 90 jours, — comme pour les truites, — et même
quelquefois plus longue, dans les eaux très-froides.
Lorsque l'incubation arrive à son terme, l'embryon, en
s'agitant, rompt la pellicule de l'œuf, et le jeune sort,
muni d'une énorme vésicule ombilicale. C'est dans cette
vésicule que le jeune poisson doit puiser, pendant quarante
jours environ, les éléments nutritifs nécessaires à son
développement. Aussitôt que cette vésicule est résorbée,

le jeune poisson, devenu plus alerte, nage autour de son berceau, mais sans s'en éloigner beaucoup encore ; ce n'est que par degrés qu'il s'aventure un peu plus loin , poussé d'ailleurs par la faim qui s'éveille en lui au fur et à mesure qu'il grandit.

Avant d'arriver à l'état de saumon, c'est-à-dire à l'âge adulte, — environ trois ans, — le jeune prend diverses dénominations suivant les pays : en Écosse, le jeune, jusqu'à l'âge d'un an, s'appelle *par* ; plus tard on le nomme *smolt ;* c'est alors qu'il se rend par bandes à la mer, d'où il revient une première fois à l'état de *grilse* : 5ᵐᵉ période. Enfin, à trois ans, il parvient à l'état de saumon. — On a souvent remarqué que tous les saumoneaux ne quittent pas la rivière où ils sont nés pour se rendre à la mer, dès la fin de la première année. Beaucoup attendent souvent jusqu'au printemps suivant pour descendre ; ils ont alors de quinze à dix-huit mois.

Arrivés à la mer, les jeunes saumons grossissent très-rapidement, grâce à l'abondante nourriture qu'ils y trouvent. — Des marques faites à quelques-uns d'entre eux ont donné la mesure de cet accroissement, lequel, ainsi que le rapporte M. Coste, a été quelquefois de 5 à 6 livres d'une année à l'autre. Cette croissance rapide peut donner au saumon un poids considérable dans très-peu de temps. — Dans certaines rivières, en Suède et en Norwège, notamment, on pêche des saumons qui pèsent jusqu'à 50 kilogr.

La fidélité du retour du saumon dans les cours d'eau

où il est né, est un fait aujourd'hui acquis ; sa constatation a eu lieu maintes fois. — A l'établissement impérial de Huningue, on a marqué des jeunes saumons au moment de leur mise en liberté ; ces poissons se sont rendus à la mer et, lorsqu'ils sont revenus dans le Rhin, deux ans après, quelques-uns sont venus se faire prendre jusques sous les hangars de l'établissement, où ils cherchaient leur lit de ponte. Ces poissons, après avoir séjourné assez longtemps sur les côtes de la mer du Nord, ont su parfaitement retrouver leur chemin dans ce labyrinthe des bouches du Rhin et de la Meuse. — Un autre fait bien curieux est celui qui se produit tous les ans, au nord de l'Écosse, dans le golfe de Morey ou Murray, où se jettent trois rivières : le Ness, le Thin et le Bearlu. Chacun de ces cours d'eau est fréquenté par une espèce distincte de saumon, parfaitement reconnaissable à sa conformation. Or, ces trois variétés vont tous les ans se mêler dans les eaux de la Baie, pour s'y nourrir en commun des nombreux poissons et crustacés qu'elles renferment. On les y pêche alors indifféremment ; mais lorsque le moment de la ponte les entraîne dans les eaux douces, à la recherche des lits de gravier, chaque espèce reprend son cours d'eau natal.

Cette habitude de retour, jointe à la facilité avec laquelle les œufs de saumon peuvent être transportés et subir les opérations artificielles de la pisciculture, ont été mises à profit pour le repeuplement des cours d'eau. Et quoiqu'on ait exagéré, dès l'origine, les résultats probables de cet art préconisé par le célèbre professeur du collége de France, il n'en est pas moins vrai que son influence s'est déjà fait sentir dans maint endroit.

La pêche du saumon se pratique, soit au moyen de filets fixes, soit avec la grande seine traînée dans les cours d'eau ou sur les côtes de la mer. Elle se fait aussi dans quelques rivières, au moyen d'engins fixes qui constituent des pêcheries sédentaires. Je citerai deux de ces pêcheries, qui peuvent être considérées comme les plus célèbres : celles de Galway et de Ballysadare en Irlande, sur lesquelles M. Coumes, l'ancien directeur de l'établissement de Huningue, et aujourd'hui inspecteur-général, a donné des détails si intéressants dans son rapport sur la pisciculture et la pêche fluviales en Angleterre, en Écosse et en Irlande.

Ordinairement, le saumon est consommé frais ; mais dans les contrées septentrionales de l'Europe et de l'Amérique, où ce poisson est pêché très-abondamment, on en sale et on en fume beaucoup.

Je suis entré dans des détails un peu longs au sujet du saumon, mais il fallait bien payer à sa royauté aquatique le tribut que lui devaient des sujets assez dénaturés pour le manger, et encore avec délices.

La FORELLE ARGENTÉE ou TRUITE DE MER (*Fario argentatus.* — Val.) est aussi l'un des meilleurs salmonidés apportés sur nos marchés. Quoique atteignant une belle taille, la truite de mer vient cependant moins grande que le saumon. Comme ce dernier, elle habite la mer et les embouchures des fleuves, quelle remonte, mais sans aller aussi haut dans les eaux douces. Elle a les flancs semés de petites taches en forme de croissant sur un fond argenté. Sa chair est jaunâtre. — C'est surtout en été qu'on la porte sur nos marchés.— Du reste, bien des habitudes du saumon sont communes à la forelle ; aussi me dispenserai-je d'entrer dans plus de détails, qui ne feraient qu'allonger, peut-être outre mesure, cette partie de mon travail....

Le Houting ou Hautin (*Coregonus. — Salmo oxyrynchus*) est un corégone marin d'un aspect singulier. Il a le corps très-effilé et le museau de forme conique terminé par un prolongement charnu en forme de nez, dont la teinte noirâtre tranche avec la couleur générale du corps, qui est d'un gris-verdâtre sur les régions supérieures, passant au blanc d'argent un peu jaune sur les parties inférieures. Ce poisson, dont la taille est de 30 à 40 c., est abondant dans la mer du Nord. Comme le saumon, il quitte les eaux salées et remonte dans les fleuves, pour frayer pendant les mois d'octobre et de novembre. Cependant il ne monte pas aussi haut que le chef de la tribu. — Le houting est abondant en Hollande et en Allemagne, dans l'Elbe et le Weser. Ses habitudes, surtout dans son jeune âge, ne sont pas encore parfaitement connues, cependant elles semblent se rapprocher beaucoup de celles du saumon.

La famille des *Clupes*, qui contient des poissons marins

si précieux pour l'alimentation, renferme aussi une espèce qui remonte dans les cours d'eau et qui est fréquemment portée sur nos marchés : c'est l'ALOSE, comprenant un grand nombre de variétés de taille grande ou petite, se trouvant sur les côtes d'Europe, d'Afrique, d'Amérique et de l'Inde.

Le type des espèces européennes est l'ALOSE proprement dite (*Clupa alausa*), à corps en ellipse très-allongé vers la queue ; ventre comprimé, tranchant, dentelé en scie depuis la gorge jusqu'à l'anus ; écailles presque carrées ; dos vert olive pâle à reflets irisés et dorés, devenant plus pâle sur les côtés de la poitrine ; gorge, ventre et côtes d'un vert d'aigue-marine, à reflets vifs, nacrés ou argentés. La couleur varie, du reste, suivant l'âge du poisson. L'alose habite l'Océan et la Méditerranée ; elle se rapproche des côtes au printemps et remonte habituellement dans les grands fleuves, où elle va frayer en mai. Elle pond dans les eaux rapides, sur les fonds sablonneux ou graveleux, ses œufs dont le nombre peut s'élever jusqu'à 500,000 et au-delà, suivant la taille, qui peut être très-considérable et atteindre jusqu'à 1 mètre. — L'alose, pêchée dans les fleuves, est bien meilleure que celle qu'on prend à la mer. — Autrefois on salait l'alose ; mais aujourd'hui on ne la consomme que fraîche ; ce qui tient sans doute à ce qu'elle est moins abondante. Quoi qu'il en soit, il n'en est pas moins vrai que, dans l'état actuel, la pêche de l'alose, au moment de la montée, fournit une ressource alimentaire assez considérable dans certaines localités. A ce point de vue, il importe de protéger sa reproduction et de faciliter sa montée.

Le principal des clupes, le *Hareng*, remonte bien quelquefois -assez haut dans l'embouchure des fleuves, puisqu'on a retrouvé quelques individus dans la Seine et l'Oder, à 100 kilomètres de la mer, mais ce n'est là qu'un fait isolé et exceptionnel et qui n'a pas le caractère de périodicité que présente la montée de l'alose ; aussi ne peut-il pas influer sur son caractère vraiment marin.

Parmi les *Cartilagineux* se trouve un très-grand poisson, l'Esturgeon, dont on connaît quelques espèces vivant dans les mers d'Europe et de l'Amérique du nord, et que l'instinct pousse, comme le saumon et l'alose, à remonter, à certaines époques, dans les grands fleuves, où il donne lieu à des pêches lucratives. Il semble même séjourner presque continuellement dans quelques fleuves. L'esturgeon est recherché pour sa chair dans tous les pays ; mais de plus, dans certaines contrées, on prépare, avec ses œufs et sa vessie natatoire, des produits alimentaires ou industriels qui donnent lieu à un certain commerce.

L'espèce la plus commune, celle qui est surtout répandue dans l'Europe occidentale et qui semble être le type, est l'Esturgeon ordinaire (*Acipenser sturio*), ayant ordinairement .la taille de 2 m. à 2 m. 50, mais pouvant être beaucoup plus grand ; à museau pointu et ayant le corps recouvert d'écussons forts et épineux. Sa couleur est blanchâtre avec de petites taches brunes en dessus, et, à l'inverse de ce qui a lieu ordinairement chez les poissons, il a le dessous du corps noirâtre et par conséquent plus foncé que le dos. L'esturgeon habite l'Océan, la Méditerranée, le Pont-Euxin, la mer Caspienne. Au printemps, il remonte pour frayer dans les eaux courantes des grands fleuves, tels que : le Wolga, le Danube, le Pô, l'Elbe, le Rhin, la Loire, la Garonne et les grands fleuves américains. — Dans la mer, il se nourrit de poissons de taille moyenne, tels que maquereaux, harengs, sardines, etc., et dans les eaux douces des poissons qui les fréquentent. Quelquefois il fouille le sable et la vase pour y chercher des vers. — Il pond une énorme quantité d'œufs : — jusqu'à 2 millions. — Sa chair, qui peut être comparée à celle d'un jeune veau, est le plus souvent consommée fraîche ; mais, dans certaines contrées, où la pêche de l'esturgeon est très-abondante, on le conserve salé, mariné ou séché.

Les rivières qui se jettent dans la mer Noire et dans la mer Caspienne contiennent, avec notre esturgeon, trois autres espèces qui sont :

1° Le STERLET OU PETIT ESTURGEON (*Acipenser rhuthenus*), qui ne dépasse guère 60 à 70 c. de long. Ce petit esturgeon a la chair beaucoup plus délicate que l'esturgeon ordinaire. Il semble être le véritable acipenser si célèbre chez les anciens et surtout chez les Romains. — Il fraie en mai et juin dans les eaux courantes, sur les fonds sablonneux. — En Russie, le caviar que l'on fabrique avec sa laite, est réservé pour la cour de l'Empereur ;

2° Le SHERG ou SÉRREJA (*Acipenser stellatus.* — Bloch), d'une taille moyenne de 1 m. 30, à dos noirâtre, tacheté de blanc sur les côtés et d'un blanc de neige sous le ventre, est très-commun, depuis le printemps jusqu'à l'automne, dans les rivières, et même dans les grands fleuves du nord de l'Europe ;

3° Le HAUSSEN ou GRAND ESTURGEON (*Acipenser huso*) atteint la taille de 4 à 5 mètres et le poids de 500 à 600 kilogrammes. Sa peau est plus lisse que celle de l'esturgeon commun. Il habite surtout le Wolga, le Don et le Danube. — La pêche de ce poisson rapporte aux riverains de ces fleuves un revenu assez considérable. Sa chair forme le fond de la nourriture de peuplades entières, comme sur les bords du Wolga, par exemple. Ses œufs servent à la fabrication de la majeure partie du caviar consommé en Russie et en Europe. C'est avec sa vessie natatoire que l'on prépare la presque totalité de la colle de poisson ou *ichtyocolle* employée en Europe. Sa graisse, dont le goût est excellent et que les Russes savent parfaitement conserver, est employée en place de beurre. Enfin, la peau des jeunes sujets, après avoir subi certaines préparations ayant pour objet de la dégraisser, sert à la fabrication de vêtements, dans la Tartarie et dans une partie de la Russie. — La quantité d'œufs pondus par une femelle est énorme ; leur poids équivaut, dit-on, au tiers de celui de la femelle : cela expliquerait pourquoi, malgré l'énorme destruction que l'on fait de ce poisson, il est cependant si abondant dans certains parages. — Il paraît que les jeunes, aussitôt éclos, se rendent à la mer, car on n'en rencontre que très-rarement de très-petite taille dans les cours d'eau ; ils n'y reviennent, comme leurs ascendants, que lorsqu'ils sont adultes. Sous ce rapport ils ont des habitudes analogues à celles du saumon, avec cette différence toutefois que ce dernier reste plus long-temps dans les rivières après son éclosion.

Parmi les cartilagineux se trouve encore la LAMPROIE, suçeur qui, à ne considérer que son squelette, est assurément le plus imparfait des poissons. Pour colonne vertébrale il n'a qu'un cordon tendineux rempli intérieurement d'une substance mucilagineuse. Ses ouvertures branchiales sont composées de sept trous qui s'ouvrent de chaque côté du cou. Sa bouche est formée par une ouverture en forme de disque, garnie de tubercules revêtus d'une coque très-dure et semblables à des dents. — Ce poisson, ainsi conformé, peut exercer une forte succion et s'attacher fortement aux pierres, aux piquets, etc., et même aux plus grands poissons. Il est très-vorace et recherche toute sorte de matière animale, mais surtout les vers et les petits poissons.

La lamproie n'a qu'un nombre assez restreint d'espèces propres à diverses contrées. Les espèces européennes sont :

1° la GRANDE LAMPROIE (*Petromizon marinus*), longue de 60 c. à 1 m., marbrée de brun sur un fond jaunâtre, propre à l'Océan et à la Méditerranée, d'où elle remonte au printemps dans les embouchures des fleuves, où on la pêche souvent en abondance. Sa chair est très-estimée, surtout quand elle vient de quitter la mer ; on la consomme ordinairement fraîche ; mais, si la pêche a été très-abondante et dépasse la consommation locale, on peut la conserver en l'enfermant dans des barrils avec du vinaigre et des épices, après l'avoir fait griller ;

2° la LAMPROIE DE RIVIÈRE (*Petromizon fluvialis*), ainsi nommée parce qu'elle remonte plus haut dans les fleuves et les rivières que la précédente. Elle est plus petite : sa taille ne dépasse guère 40 à 50 c. ; elle est plus noirâtre et plus olivâtre sur le dos. C'est celle que l'on pêche surtout dans la Loire et que l'on voit le plus souvent sur les marchés de Paris. — Au dire de quelques pêcheurs, elle semble pouvoir rester continuellement dans les eaux douces ; — toutefois, ses mœurs ne sont pas encore suffisamment connues ;

3° la PETITE LAMPROIE ou SUCET (*Petromizon planeri.*—Bloch), longue seulement de 25 à 30 c., ayant à peu près les mêmes couleurs que les précédentes, se trouve presque dans tout le cours des fleuves, à partir de leur embouchure. On l'emploie surtout comme appât, dont les gros poissons sont très-friands. — Dans cette tribu peut se ranger aussi le LAMPRILLON (*Petromizon branchialis*), long de 15 à 20 c., vivant en parasite, le plus souvent dans le sable ou la vase, et dont on se sert aussi pour appâter les hameçons. On le pêche souvent en abondance dans la basse Seine, et on le mange quelquefois à Rouen.

Les lamproies ont la vie très-dure ; aussi peut-on les

transporter fort loin en les entourant de matières humides, herbes ou linges.

L'un des *Gadoïdes,* la LOTTE DE RIVIÈRE (*Gadus lotta.* — Bloch), assez répandue dans l'Océan, remonte dans les rivières où elle fraie, de décembre à février, dans les eaux vives, sur le gravier. Elle a la tête déprimée et le corps cylindrique, d'une nuance jaune marbrée de brun. Sa taille varie de 55 à 70 c. Elle est estimée pour sa chair légère et pour son foie singulièrement volumineux.

Dans la famille des *Poissons plats* ou *Pleuronectes,* une espèce, le FLET ou PICAUD (*Pleuronectes flesus*), ayant à peu près la forme rhomboïdale de la plie (dont je parlerai plus loin), de couleur brune avec des taches pâles, quitte la mer pour remonter très-haut dans les rivières. Sa chair n'est pas très-estimée.

L'on pourrait bien trouver encore quelques poissons marins qui remontent dans les rivières, mais leur peu d'importance ou d'utilité, au point de vue alimentaire ou industriel, doit les faire passer sous silence.

§ 2. — Les espèces, vivant ordinairement dans les eaux douces, et qu'on rencontre quelquefois dans les eaux salées, sont peu nombreuses. Je n'en citerai que deux : l'anguille et le brochet.

L'ANGUILLE, ce poisson mystérieux, dont les habitudes

ne sont encore connues que d'une manière imparfaite, prospère parfaitement dans les cours d'eau, les étangs, les lacs, etc., où elle atteint souvent en peu d'années une taille considérable, mais elle ne s'y reproduit pas. A l'inverse de ce qui a lieu pour le plus grand nombre des poissons voyageurs, elle descend des eaux douces dans la mer, vers la fin d'octobre ou le commencement de novembre, pour frayer dans les herbes marines, que les jeunes abandonnent vers la fin de février ou le commencement de mars, pour monter dans les fleuves. Ces jeunes anguilles sont alors filiformes et microscopiques et marchent en bandes innombrables, souvent tellement compactes, que l'eau en est obscurcie. C'est ce qu'on nomme *la montée.* — Je me borne pour le moment à ces indications sommaires, devant plus loin m'occuper spécialement des anguilles.

Le BROCHET, type de la famille des *Esoces*, est très-répandu en Europe, dans les contrées du Nord, du Nord-Est, et dans les eaux douces de l'Amérique du Nord ; mais il ne se trouve ni en Espagne ni en Afrique. La principale de nos espèces européennes est le BROCHET COMMUN (*Esox lucius*), à corps allongé et cylindrique, à dos un peu aplati, mâchoire supérieure un peu plus courte que l'inférieure, tête longue et museau aplati. Sa robe, d'un vert foncé sur le dos, est plus claire sur les flancs, avec des reflets dorés et marbrés, et passe presque au blanc sous le ventre. Son corps est parsemé de grandes taches ovales allongées, d'un vert pâle un peu doré. —

Le brochet est l'un des poissons les plus voraces ; il se jette sur tout ce qui remue ; aussi grossit-il rapidement dans les eaux riches en matières animales. Il fraie de février à avril, dans les eaux calmes, sur la vase et le gazon. L'incubation des œufs dure de quinze à dix-huit jours. Les jeunes grandissent très-vite, car, à trois mois, ils peuvent déjà avoir de 20 à 55 c., à un an, de 50 à 75 c., et à deux ans, 80 c. Le brochet peut donc, en vieillissant, atteindre une très-grande taille et un poids considérable ; mais la moyenne est de 10 à 15 kilogrammes. Sa chair est de bon goût et ferme ; elle est recherchée par l'alimentation. Il est très-commun dans certaines eaux courantes ou captives. — Quoique vivant le plus ordinairement dans les parties calmes des fleuves, le brochet se livre cependant souvent à de longues pérégrinations, car on le trouve quelquefois jusque dans la mer elle-même. — C'est cette circonstance qui m'a engagé à ne pas ranger le brochet dans la catégorie des poissons purement d'eau douce.

§ 5. — Les poissons vivant dans les eaux saumâtres comme dans la mer elle-même sont assez nombreux ; mais je ne mentionnerai que ceux qui sont livrés à la consommation.

Parmi les *Pleuronectes*, la sole et la plie, poissons recherchés, vivent également sur les côtes de la mer et dans les eaux saumâtres des étangs et des lagunes.

La Sole (*Pleuronectes solea*), longue d'environ 50 c., brune du côté des yeux, blanchâtre de l'autre côté, a reçu quelquefois le nom de *perdrix de mer*, à cause de la délicatesse de sa chair. Elle se trouve dans toutes les mers d'Europe, d'Afrique et d'Amérique. En Europe, on la pêche assez abondamment sur les côtes de l'Océan et de la Méditerranée, soit à l'hameçon, soit au filet tendu le long de la côte et qui reste à sec à marée basse. La sole s'accommode très-bien du régime des eaux saumâtres, où on peut l'élever facilement.

La Plie franche ou Carrelet (*Pleuronectes platessa*), à corps rhomboïdal, brun, avec taches aurore du côté des yeux et blanches du côté opposé, est la plus estimée parmi les espèces assez nombreuses du genre plie. C'est celle que l'on trouve le plus communément sur les marchés, surtout à Paris. Comme la sole, elle habite les côtes, les embouchures et croît dans les lagunes d'eaux saumâtres, à côté d'elle. La fécondité de la plie est remarquable : elle peut pondre en effet jusqu'à 6 millions d'œufs.

Les Dorades forment un genre de la famille des *sparoïdes ;* ses espèces, d'ailleurs assez nombreuses, sont répandues dans toutes les mers, et deux ou trois sont particulières à la Méditerranée. Le nom qu'elles portent leur vient d'*aurata,* dénomination que les Romains appliquaient à ces poissons, qu'ils élevaient avec soin dans leurs viviers d'eau salée, et qui étaient destinés aux tables patriciennes.

Le type des espèces d'Europe est la Dorade vulgaire (*Sparus aurata*), qui se trouve dans la Méditerranée et une partie de l'Océan. Ce poisson, d'une taille moyenne de 55 c., ne s'éloigne pas des côtes et entre en grand nombre dans les étangs salés, où il se nourrit surtout de moules et engraisse beaucoup. La dorade a le corps en dessus d'un gris argenté à reflets verdâtres, et en dessous presque blanc, et les flancs marqués de bandes jaunâtres interrompues. Quoiqu'elle soit moins recherchée aujourd'hui qu'elle ne l'était par les Romains, elle est cependant livrée à la consommation.

Le Muge, type de la famille des *Mugiloïdes*, habite la mer, mais il remonte aussi, en troupes nombreuses, dans l'embouchure des fleuves, et lorsqu'il est jeune il entre facilement dans les étangs salés ou d'eaux saumâtres, où il se développe parfaitement. Un grand nombre d'espèces habitent les mers d'Europe, d'Afrique, d'Amérique et des Indes.

Parmi les espèces européennes, la principale est le Muge a large tête (*Mugil céphalus*. — Cuvier. — Val.), l'un des plus recherchés et qui appartient exclusivement à la Méditerranée. Ce poisson, dont la taille peut atteindre de 50 à 60 c. de long, est d'un gris plombé sur le dos, plus clair sur les flancs et blanc argenté et mat en dessous ; il est doré sur les côtés de la tête. Ses habitudes sont très-pacifiques, et il ne se nourrit guère que d'animaux mous. — Le muge est l'un des poissons les plus féconds : il peut pondre, en effet, jusqu'à 15 millions d'œufs.

Le *Bar*, de la famille des *Percoïdes*, dont le type est le Bar commun, Loup ou Loubine (*Perca labrax*. — Linné, et *Perca lupus*. — Cuvier, Val.), est très-commun dans la Méditerranée et dans les embouchures des fleuves qui s'y jettent; mais il est plus rare dans l'Océan. Le bar a la forme d'une grande perche allongée; sa robe est uniformément argentée chez les adultes et tachetée de brun chez les jeunes. Les Romains l'appelaient *lupus*, et en Provence on lui donne encore le nom de loup. Sa chair est excellente. Il prospère parfaitement dans les étangs salés et les eaux saumâtres. Sa taille ordinaire est de 50 c., mais elle peut atteindre 70 c.

L'ÉPERLAN (*Salmo eperlanus*), petit salmonide qui se trouve sur les côtes de la mer et dans les fleuves, jusqu'à l'endroit où la marée se fait sentir, se plaît particulièrement dans les eaux saumâtres; il a le corps argenté avec des reflets vert-clair. Il vit en troupes et fraie dans les embouchures, mais après la ponte il retourne à la mer. Sa chair excellente le fait toujours rechercher et vendre à un prix élevé. En France, c'est dans la basse Seine, surtout près de Caudebec, qu'on le pêche le plus abondamment.

Pour en finir avec cette nomenclature déjà longue, je citerai une famille de très-petits poissons, les *Athérines*, n'ayant pas plus de 5 à 6 c. de long, vivant sur les côtes, dans les embouchures et les eaux saumâtres des étangs, sous différents noms, suivant les pays. On les nomme parfois *Faux Éperlans*, à cause de la délicatesse de leur chair. On les pêche en grandes masses dans les baies de la Méditerranée. Toutes les espèces ont une bande argentée le long des flancs. — Une espèce de ce genre, l'acquadelle, est très-abondante dans la lagune de Comacchio , où elle sert de pâture aux autres poissons qu'on y élève.

Un instinct commun à la plupart des poissons que je viens de mentionner et de ranger dans cette dernière catégorie, pousse les jeunes, presque aussitôt après leur éclosion, — sauf comme je viens de le dire pour ceux de l'éperlan , — à remonter, au printemps, en bandes considérables et pêle-mêle, de la mer dans l'embouchure des fleuves, comme le font les jeunes anguilles. Le nom de *montée* s'applique alors à ces jeunes troupeaux, sans distinction d'espèces. C'est en mettant, avec un art infini, cet instinct à profit, que les pêcheurs de Comacchio peuplent les bassins de leur lagune de jeunes anguilles, soles, plies, muges et bars, qui tous ensemble sont ensuite retenus prisonniers dans les eaux saumâtres de la lagune, où ils grossissent rapidement sous l'empire de la nourriture abondante qu'ils y trouvent.

Le principal des *Cyprins*, la CARPE que j'ai dû ranger dans la catégorie des poissons d'eau douce, me basant sur les habitudes générales de l'espèce, paraît cependant pouvoir vivre dans les eaux saumâtres. Une espèce est même, dit-on, très-abondante dans la mer Caspienne ; mais ce n'est là qu'un fait exceptionnel qui ne peut pas influer sur le caractère général du genre.

Je me suis peut-être un peu trop étendu sur ces diverses catégories, mais j'ai pensé qu'au point de vue pratique de la pêche et de l'aquiculture, ces détails que j'ai du reste limités autant que possible, pouvaient avoir quelque utilité.

DES POISSONS EN GÉNÉRAL.

Les espèces de passage éprouvent-elles si fort le besoin de s'éloigner périodiquement de nos rivages, qu'il leur soit impossible d'y séjourner, ou bien n'émigrent-elles pas uniquement parce que, dans d'autres parages, elles rencontrent une alimentation plus abondante, par l'effet d'une température moins abaissée ou par toute autre cause?

En parcourant les diverses catégories de poissons, nous avons remarqué que les uns sont sédentaires, tandis que d'autres sont migrateurs et se livrent à des voyages quelquefois très-longs, à des époques périodiques ou indéterminées. Les espèces de cette catégorie se livrent-elles à ces changements de résidence, parce que le séjour de nos rivages leur devient insupportable? Assurément non. — La cause de ces déplacements ne doit pas être cherchée dans une impossibilité d'habitation, mais dans l'instinct de nutrition et de développement pour les uns et de reproduction pour les autres.

Lorsque les bandes de maquereaux, de harengs, de sardines, de thons, etc., changent de parage, elles y sont le plus souvent poussées par le besoin de l'alimentation. Ne trouvant plus assez abondamment les petits poissons, mollusques, crustacés, qui composent leur nourriture habituelle, ces bandes se dirigent vers d'autres zones, où les eaux sont moins épuisées et où elles pourront pâturer pendant quelque temps. — Leur disparition souvent coïncide avec celle de ces myriades d'animalcules qui se rencontrent dans certains parages, à diverses époques, mais dont l'origine et surtout les causes d'apparition sont enveloppées de mystère. — Le besoin de repos peut bien aussi pousser ces poissons à disparaître dans les fonds de la mer, comme le font à certaines époques les poissons d'eau douce dans les fleuves ; mais la cause la plus générale est le besoin de l'alimentation.

L'instinct de la reproduction pousse aussi certaines espèces à entreprendre de longs voyages, afin de chercher un lieu convenable pour y déposer leurs œufs. Ainsi, au moment du frai, des espèces marines se rapprochent de la côte, où elles confient leur postérité soit aux algues, soit aux sables, soit aux vases ; d'autres, telles que le saumon et l'alose, remontent les fleuves, dont les eaux douces et rapides sont nécessaires à l'incubation des œufs. Lorsque la ponte est terminée, ces poissons regagnent leur résidence ordinaire, les côtes de la mer, où ils trouvent des proies en abondance.

Les pêcheurs ont souvent affirmé que si les bandes de harengs, de sardines, etc., disparaissaient si subitement des baies où ils les pêchaient jusque-là, c'était par suite de la peur que causaient à ces poissons l'apparition subite de leurs ennemis, quelques gros poissons qui en font leur nourriture. Ce fait peut bien à la rigueur être considéré comme une cause accidentelle, mais n'est pas suffisant pour expliquer les habitudes générales d'émigration. —

Les bandes de poissons ne s'en vont pas parce que leurs ennemis apparaissent ; mais ceux-ci suivent naturellement ces bandes, parce qu'ils y trouvent un riche approvisionnement pour leur gloutonnerie.

Que deviennent, selon toute probabilité, les espèces sédentaires et celles de passage, lorsqu'elles cessent de se montrer sur nos côtes ?

Je viens de dire à quelles causes me paraissent devoir être attribuées les migrations des poissons, mais que deviennent-ils? où vont-ils? — Il me paraît assez difficile de le déterminer d'une manière parfaitement exacte. — Sur les côtes américaines, où la pêche des maquereaux constitue l'une des industries les plus florissantes, les navires ont essayé de les suivre lorsqu'ils commencent à disparaître pendant la mauvaise saison ; mais ces poissons descendent à de telles profondeurs, qu'on a toujours perdu leurs traces. Les pêcheurs pensent qu'ils restent immobiles dans les grands fonds, et presque dans un état de torpeur, jusqu'au retour de la belle saison. — Ce besoin de repos, qui s'applique à toutes les espèces marines et fluviales, et qui ne varie que dans les époques où il se fait sentir, peut nous faire supposer que lorsque les poissons, même ceux qui sont sédentaires, cessent de se montrer sur nos côtes, c'est qu'ils se sont retirés dans les profondeurs plus ou moins éloignées, où ils trouvent une température qui leur convient mieux, et le calme absolu qui leur est alors nécessaire. Il ne reste plus à leur instinct qu'à choisir les parages où ils sont moins exposés à la voracité de leurs ennemis.

Quels sont les fonds sur lesquels chaque espèce dépose de préférence ses œufs?

J'ai déjà répondu à cette question en indiquant les habitudes générales des poissons, au fur et à mesure de leur classement. Elle se lie d'ailleurs à la suivante; aussi je ne m'y arrête pas.

Peut-on déterminer les frayères naturelles des espèces les plus utiles?

Je pourrais faire ici l'observation s'appliquant à la question précédente. En effet, en décrivant, sommairement il est vrai, les habitudes des diverses espèces, j'ai indiqué, pour le plus grand nombre et surtout pour les plus utiles, les endroits recherchés par elles pour frayer, et la nature des corps sur lesquels elles déposent leurs œufs. — Je vais, toutefois, en faire une récapitulation en aussi peu de mots que possible :

Le *Saumon commun* dépose ses œufs dans les trous en forme de berceau, que la femelle fait dans le gravier en agitant sa queue. Cette femelle y pond ses œufs de décembre à février.

Le *Saumon heuch* (du Danube) dépose ses œufs au mois de mai, dans les eaux courantes, sur le gravier.

L'*Ombre-Chevalier* fraie de novembre en mars, et dépose ses œufs dans les eaux rapides, sur un lit de gravier ou de cailloux.

Les *Truites communes*, *grandes* et *saumonées*, pondent leurs œufs, d'octobre à février, dans les eaux courantes, sur des lits de cailloux ou de graviers, ou dans les interstices des grosses pierres, dans les torrents des montagnes.

Le *Brochet* pond ses œufs, de février à avril, dans les eaux tranquilles, sur la vase et le gazon.

La *Carpe* pond d'ordinaire de mai à juillet, dans les eaux calmes, et dépose ses œufs sur des touffes d'herbes, de racines ou autres végétaux.

La *Tanche* fraie en juin et juillet, dans les eaux tranquilles, et dépose ses œufs sur la vase ou les végétaux.

Le *Barbeau*, en mai et juin, dépose ses œufs sur les lits de gravier ou de cailloux, dans les eaux courantes.

Le *Goujon* pond ses œufs d'avril à juin, dans les eaux courantes, sur les graviers et exceptionnellement sur les herbes.

La *Brême* fraie en avril et mai, dans les eaux courantes, et dépose ses œufs sur les végétaux et les graviers.

La *Perche* pond, de mars à mai, dans les eaux très-calmes, et dépose ses œufs en forme de bourses sur les plantes aquatiques.

La *Vandoise*, la *Chevanne*, le *Meunier*, pondent d'avril à juin, dans les eaux courantes, sur les graviers.

Le *Gardon* et l'*Ablette* fraient en mai et juin, dans les eaux tranquilles ou légèrement courantes, et déposent leurs œufs sur les végétaux.

Le *Sandre* ou *Brochet-Perche*, en avril et mai, pond

ses œufs dans les eaux courantes, sur un lit de pierres et dans leurs interstices.

Le *Silure* dépose ses œufs, d'avril à juin, dans les eaux très-calmes, sur les racines et les végétaux.

L'*Alose* fraie en mai et juin, dans les eaux rapides, et dépose ses œufs sur un lit de sable propre ou de gravier.

L'*Esturgeon* pond d'avril à mai, dans les eaux courantes, et dépose ses œufs sur le sable.

La *Lotte commune* fraie de décembre à février, dans les eaux vives, sur un lit de gravier.

La *Sole*, la *Plie*, le *Muge*, la *Dorade*, le *Bar*, fraient au printemps et déposent leurs œufs sur le sable de la côte.

Le *Maquereau* pond sur les bords en juin et juillet.

La *Morue* fraie aussi sur le rivage à des époques très-variables.

Le *Thon*, dans la Méditerranée, vient déposer ses œufs dans les algues de la côte, sur le rivage.

Le *Hareng*, vers la fin de l'automne, dépose ses œufs en couches souvent considérables sur le sable de la côte.

Le *Turbot* dépose ses œufs sur la vase.

Le *Sargue* pond deux fois par an, aux équinoxes, dans la Méditerranée, tout à fait sur les bords.

Le *Labre*, au printemps, dépose ses œufs au milieu des fucus et des plantes marines, où les jeunes restent quelque temps à l'abri des vagues et de leurs ennemis.

La *Raie* pond en été 12 à 15 œufs ou jeunes, qu'elle dépose sur la vase.

Je m'arrête à ces quelques espèces, pour ne pas faire une nomenclature trop longue.

Pourrait-on entreprendre de former des frayères naturelles ou artificielles?

Les endroits recherchés par les diverses espèces pour frayer, et les corps sur lesquels s'opère la ponte étant connus, il est facile d'établir des frayères, soit naturelles, soit artificielles. Les frayères naturelles ou permanentes pourront être formées, soit en provoquant dans certains endroits, à l'aide de plantations ou de semis, le développement des plantes aquatiques recherchées par quelques espèces, au moment de la ponte, soit en réglant les courants dans d'autres endroits, au moyen de quelques travaux hydrauliques, de façon à former des lits de gravier, de sable ou de cailloux recherchés par d'autres espèces. — Quant aux frayères artificielles, on peut les établir encore plus facilement, mais d'une manière transitoire. — S'il s'agit des espèces dont les œufs adhèrent aux plantes aquatiques, on peut former les frayères au moyen de châssis ou de cercles garnis de plantes aquatiques, de racines, ou de gâteaux de gazon, que l'on place ensuite dans les endroits favorables et recherchés d'ordinaire par ces espèces. Quant aux poissons dont les œufs restent libres, on peut les engager à frayer dans certains endroits convenant à leurs habitudes, en y établissant des lits artificiels de cailloux, de gravier, de sable ou de pierres roulées. — Lorsque ces frayères artificielles sont faites avec intelligence, le poisson vient y frayer tout aussi bien que dans les frayères naturelles.

Le soin de faire exécuter ces travaux incombe évidemment, sur les cours d'eau, à l'administration des ponts-et-chaussées : c'est elle en effet qui est la plus apte et le plus à portée pour les établir et les surveiller. C'est donc à elle que l'entreprise doit être tout naturellement confiée. J'ajoute qu'il serait bien temps de s'occuper sérieusement de l'application d'un moyen que je crois propre à favoriser la multiplication du poisson dans les cours d'eau.

Quelles sont les conditions dans lesquelles les petits poissons doivent être placés après l'éclosion, pour échapper au plus grand nombre possible de causes de destruction et se développer normalement ?

S'il s'agit des cours d'eau et des jeunes éclos en liberté, la meilleure condition dans laquelle ceux-ci puissent être placés, c'est le repos absolu et la tranquillité la plus complète. Si ces jeunes ne sont pas troublés par le fait de l'homme ou autrement, on les voit se réunir en troupes nombreuses sur les bords, sur les graviers, autour des îlots, où ils guettent les petites proies microscopiques qui conviennent à leur taille exiguë ; alors ils grandissent assez vite. Mais le moindre trouble suffit pour effaroucher et disperser ces jeunes troupes, et tout bouleversement qui survient dans le cours d'eau fait périr une grande quantité de ce frétin. Les lois sur la pêche fluviale protègent ces jeunes générations contre le fait de l'homme, mais elles ne peuvent pas les protéger contre les troubles provoqués par les accidents naturels ; c'est à l'industrie et au génie de l'homme qu'il appartient de créer, pour ces jeunes familles, des abris dans lesquels elles soient en sûreté et en repos dans le sein des cours d'eau, lorsque ces troubles surviennent.

Si les jeunes poissons sont éclos artificiellement, il convient de les conserver pendant quelque temps dans les bassins d'alevinage, et de ne les mettre en liberté que lorsqu'ils sont assez développés pour pouvoir s'approprier leur proie et échapper à leurs ennemis. Cette période de l'*alevinage* peut varier beaucoup suivant les espèces. — Chez les uns, — les salmonides par exemple, — les jeunes en naissant portent une énorme vésicule ombilicale, qui les retient dans un état d'immobilité presque absolue au fond de leur berceau, pendant une durée de 30 à 45 jours ; et ce n'est qu'après cette période vésiculaire que commence l'alevinage, pendant lequel les poissons doivent recevoir une nourriture en harmonie avec leurs besoins et leur petite taille. Chez d'autres espèces plus communes, — les cyprins, par exemple, — les jeunes naissent, au contraire, dans un état d'agilité et de vivacité qui leur permet de se disperser bientôt et de chercher leur nourriture. On pourra donc se permettre de les mettre en liberté plus tôt que les salmonides. Quant à ces derniers poissons, d'ailleurs plus précieux, si l'on avait à sa disposition des aleviniers ou bassins assez vastes pour qu'on pût les con-

server longtemps, — une année, par exemple, — les
jeunes seraient tout à fait en état de se défendre contre
leurs ennemis et de se soustraire à bien d'autres causes
de destruction, lorsqu'on les mettrait en liberté. Le succès
de l'opération de repeuplement serait beaucoup plus assuré.
— C'est ainsi qu'on a procédé à l'établissement de pisciculture de Stormonfield, près de Perth, en Écosse, lorsqu'on a voulu repeupler de saumons la rivière du Tay.
Les saumoneaux ne furent lachés dans le Tay qu'après
avoir passé une année dans un très-grand bassin d'alevinage communiquant avec la rivière. Mais si l'on n'a pas
à sa disposition des bassins assez vastes pour conserver
longtemps de nombreux troupeaux, les jeunes salmonidés
peuvent être mis en liberté à l'âge de 4 ou 5 mois. Ils
sont alors assez agiles et surtout assez avides de saisir
leur proie, pour qu'ils puissent se sauver et se développer,
au moins pour la plupart, dans les eaux qui leur conviennent. — Depuis que je dirige l'établissement de pisciculture de Montauban, j'ai constamment laché mes jeunes
salmonides à cet âge, et j'ai acquis la preuve certaine que
quelques-uns ont prospéré.

DES ESPÈCES DOMESTICABLES ET DES ANGUILLES
EN PARTICULIER.

*Quelles sont les espèces qui se prêtent le mieux à l'éclosion,
à la fécondation artificielle ou naturelle, au régime de
la stabulation, à la reproduction en réservoirs, en un
mot à la domestication ?*

Cette question est toute pratique et d'expérience ; et

quoiqu'elle semble très-simple au premier abord, elle n'en est pas moins assez complexe; car si quelques espèces se prêtent parfaitement à toutes les phases de la domestication, il en est d'autres qui peuvent bien se prêter aux diverses opérations de la ponte, de la fécondation, de l'éclosion artificielles et au régime de la stabulation, mais qui ne se reproduisent que très-exceptionnellement en réservoirs. Il en est d'autres encore qui se trouvent très-bien du régime de la stabulation, et prospèrent aussi dans les réservoirs, mais qui ne s'y reproduisent pas et ne se prêtent en aucune façon à la fécondation et à l'éclosion artificielles. — Il convient donc d'établir plusieurs catégories, dans chacune desquelles je citerai quelques espèces bien connues.

1re *Catégorie*. — Espèces qui se prêtent à toutes les phases de la domestication. — La carpe, la tanche, la perche, le gardon, le brochet, le meunier et quelques autres poissons se prêtent parfaitement aux diverses opérations de la ponte, de la fécondation, de l'incubation et de l'éclosion artificielles; de plus, ils se reproduisent naturellement dans les viviers et étangs : en un mot, ils se domestiquent facilement et prospèrent en captivité, pourvu que la nourriture soit abondante dans les eaux qu'ils habitent.

2e *Catégorie*. — Espèces qui se prêtent à l'éclosion comme à la fécondation artificielles et au régime de la

7

stabulation, mais moins à la reproduction en réservoirs. — Dans cette catégorie peuvent se ranger les salmonidés : saumons, truites, commune, grande ou saumonée, ombre-chevalier, fera, etc. — Pour ces espèces, et pour bien d'autres s'en rapprochant, on est arrivé très-facilement à pratiquer les diverses opérations artificielles et à obtenir de jeunes poissons qui, grâce à un régime alimentaire suffisant, se sont assez rapidement développés dans les réservoirs ; mais en général on ne les y a pas vus s'y reproduire. — Si on a constaté quelques cas de reproduction, ce n'a été que très-exceptionnellement, ou bien dans des situations où il avait été facile d'imiter si bien la nature, que les poissons pouvaient se croire en liberté.

3ᵉ *Catégorie*. — Espèces qui se trouvent très-bien du régime de la stabulation, mais qui ne se prêtent pas aux diverses opérations de reproduction artificielle, et ne se reproduisent pas en réservoirs. — Ici se présente tout naturellement l'anguille, ce poisson singulier qui peut passer toute sa vie dans les eaux douces, — jusqu'à présent j'ai supposé qu'il s'agit uniquement des eaux douces, — sans donner jamais pendant son séjour aucune marque de reproduction. Les anguilles croissent rapidement dans les bassins et toutes les eaux captives qui sont suffisamment pourvues de nourriture. — De jeunes anguilles qui n'avaient pas plus de 5 à 6 c. de long au moment de leur introduction dans des réservoirs, y ont acquis en 4 ou 5 ans une taille d'un mètre et un poids de 1 kilogr. 1/2 à 2 kilogrammes.

Si nous quittons les eaux douces, nous trouverons encore parmi les poissons marins quelques espèces qui se développent très-bien dans les bassins d'eau salée. — Ainsi, je rappellerai avec quel soin les Romains élevaient, dans les viviers qu'ils faisaient construire sur les bords de la mer, les dorades et les murênes. Je citerai aussi l'ingénieuse industrie des pêcheurs de Comacchio, qui élèvent, dans les 40 bassins de la lagune, une immense troupeau de jeunes poissons se composant de soles, de plies, de dorades, de muges, de bars ou loups et d'anguilles que nous retrouvons ici mêlés aux poissons marins ou d'eaux saumâtres. Ces jeunes bandes sont attirées dans les bassins de la Lagune, par des courants artificiellement établis, au moment où elles remontent dans les bras du Pô, le Reno et le Volano. C'est du mois de février à la fin d'avril que s'opère ordinairement la montée de ces espèces et par conséquent l'ensemencement de la lagune. Les jeunes poissons, arrivés pêle-mêle dans les bassins ou campi, se dispersent suivant leur instinct particulier, et trouvent sur les fonds vaseux et sur les plantes aquatiques qui y poussent, une nourriture très-abondante se composant de vers, d'insectes, de mollusques, de crustacés et d'un tout petit poisson du genre *atherine*, l'acquadelle, qui s'y trouve en très-grande abondance. — Le régime de la Lagune convient si bien à ces espèces que, tous les ans, la pêche des bassins qui se pratique en automne, au moyen d'un système très-ingénieux de labyrinthes, produit près d'*un million* de kilogrammes de poisson de diverses espèces, mais surtout de superbes anguilles.

D'autres espèces, telles que le turbot, la raie, la barbue, le congre, s'accommodent aussi parfaitement du régime de la stabulation.

Quoique je m'occupe plus particulièrement des poissons, je dirai cependant, en passant, que le homard et la langouste peuvent être élevés dans des bassins, comme le prouve l'établissement de Concarnau, et que les mollusques peuvent acquérir dans les réservoirs des qualités comestibles très-appréciées, comme le démontre l'éducation des huîtres dans les bassins ou *claires* de Marennes. — Je reviendrai sur ce sujet un peu plus loin.

Quelle est l'époque probable de la reproduction des anguilles?

Jusqu'à présent, on n'a pu avoir des renseignements bien précis ni sur l'époque exacte, ni sur le mode de reproduction des anguilles. Mais ce qu'il est facile de déterminer, c'est à la fois le moment où les anguilles descendent à la mer et celui où a lieu la montée des jeunes à l'état filiforme. Ces époques étant constatées, le moment de la reproduction devra nécessairement se trouver dans l'intervalle qui les sépare. Or, les anguilles commencent à descendre le cours des rivières vers la fin d'octobre ; cette migration dure pendant une partie du mois de novembre. — Les anguilles, en descendant, semblent être sous le coup d'une sorte d'engourdissement produit sans doute par l'instinct ou le besoin de la reproduction qui vient de se développer en elles. Elles se groupent souvent sous forme de grosses pelotes et se laissent rouler au courant. — Les pêcheurs qui remarquent tous les ans ce phénomène, sans s'en rendre compte, savent bien en tirer parti pour capturer de belles anguilles, souvent en très-grande quantité, au moyen de grandes nasses tendues dans les pertuis des usines ou dans une partie du courant. — D'un autre côté, la montée des jeunes anguilles commence vers la fin de février ou le mois de mars, aux embouchures des fleuves; elles sont alors à l'état filiforme et ressemblent à une espèce de glaire vivante; leur petitesse prouve suffisamment qu'elles sont nées depuis peu de temps. — C'est donc entre décembre et la fin de février qu'il faut placer l'époque de la reproduction des anguilles.

Les anguilles peuvent-elles se reproduire dans les cours d'eau, sans retourner à la mer?

Je réponds catégoriquement : Non. Car, si les anguilles pouvaient se reproduire dans les cours d'eau, pourquoi descendraient-elles à la mer, comme nous venons de le constater pour y frayer? Et pourquoi ne trouverait-on pas de ces jeunes anguilles filiformes dans tout le cours des fleuves, comme on les trouve dans les parties plus rapprochées de leur embouchure? — Du reste, avant que la science se fût occupée de cette question, les pêcheurs eux-mêmes, gens de pratique, savaient que l'anguille ne se reproduit pas dans les rivières ; mais comme ils ne pouvaient comprendre la nécessité pour elle de se rendre à la mer, ils prétendaient, — et cela m'a été dit bien souvent, — que l'anguille provenait d'une sorte de petit goujon ; et plus d'un m'a même offert de me faire voir les anguilles microscopiques dans les flancs de ce cyprin. Je dois ajouter que, chaque fois que j'ai accepté l'offre en riant de ce préjugé naïf, le fameux goujon n'a présenté que des vers intestinaux. — Leur raisonnement n'allait pas jusqu'à comprendre que, en supposant l'origine trouvée dans les flancs du poisson mythe, il resterait encore à expliquer pourquoi ces jeunes anguilles deviennent introuvables après leur prétendue naissance. Mais les pêcheurs ne sont pas obligés d'en savoir si long pour exercer leur industrie, du moins comme ils le font en général, c'est-à-dire en suivant la vieille routine de leurs aïeux.

Les anguilles se reproduisent-elles dans les étangs ou bassins d'eau douce ?

Les anguilles ne se reproduisent pas plus dans les étangs et bassins d'eau douce que dans les rivières ; et dans les eaux captives, il est encore plus facile de s'assurer du fait que dans les cours d'eau. Si l'on introduit, en effet, un certain nombre de jeunes anguilles dans un bassin ne se prêtant à aucune communication extérieure, lorsqu'on le pêchera on trouvera toujours moins d'anguilles qu'on n'y en a mises, mais jamais plus. C'est un fait que chacun a pu constater, et que j'ai constaté moi-même plus d'une fois dans un vivier, où j'élève des anguilles que je pêche dans l'embranchement du canal latéral à la Garonne, dont j'ai affermé la plus grande partie, dans l'intérêt de la conservation du poisson. Lorsque j'ai une provision suffisante de jeunes anguilles, je les fais transporter dans mon vivier, après avoir pris note du nombre. Ces anguilles y grossissent rapidement, grâce à l'abondante nourriture qu'elles trouvent ; et lorsque je les pêche 3 ou 4 ans après, j'en trouve un quart ou un cinquième de moins, mais jamais un nombre supérieur. Il n'y a donc pas eu reproduction. Si elles s'y reproduisaient, j'en trouverais en outre de petites : ce qui n'arrive pas.

A quel âge les anguilles sont-elles adultes ?

Pour donner une solution convenable à cette question, il faudrait suivre avec précision le développement des jeunes anguilles à partir du moment où elles remontent dans les embouchures, jusqu'à celui où elles descendent pour la première fois à la mer. Mais c'est là une constatation bien difficile à faire sur des poissons à l'état de liberté. L'observation serait facile si l'on pouvait opérer dans un bassin ; mais un tel procédé ne prouverait qu'une chose, c'est que le développement est plus ou moins rapide suivant le régime alimentaire. L'anguille étant en captivité ne pourrait manifester le seul symptôme qui prouve son état adulte, c'est-à-dire sa descente à la mer. — Toutefois, si l'on ne peut préciser d'une manière rigoureuse l'âge adulte pour lés anguilles, on peut cependant le déterminer approximativement par la comparaison des tailles des sujets d'un même cours d'eau. Or, voici ce qui a été observé :

L'anguille pond, après une sorte d'accouplement, des œufs qui restent réunis en petits pelotons par une viscosité semblable à celle qui relie les œufs de perche. Les petits éclosent bientôt et restent, pendant les premiers jours de leur naissance, réunis dans ces petits pelotons au milieu des algues. Quand ils ont atteint 4 ou 5 c., ils se débarrassent de leurs liens et remontent en bandes serrées dans les fleuves : c'est la montée. Plus tard, on les trouve dans les ports de mer et les parties marines des fleuves ; ils ont alors la taille de 10 à 12 c. de long et la grosseur d'un tuyau de plume : on les nomme *Cinelles*, *Piballes, Boirons*. Plus tard encore, au printemps suivant, on les trouve beaucoup plus haut dans les eaux douces, mais ils ont beaucoup grandi, car ils ont de 20 à 25 c. de long : c'est la plus petite taille à laquelle on commence à les pêcher dans les cours d'eau. — Après cela, qu'il me soit permis de rapporter quelques observations personnelles.

Lorsque je me livrais à la pêche sur le Tarn, j'ai souvent remarqué que les anguilles pouvaient être classées en diverses catégories d'âge, suivant la taille. Au printemps, — alors on ne faisait pas observer régulièrement les prohibitions légales, — je prenais dans de petites nasses à mailles très-serrées (nommées *Bartuels* dans le pays) de petites anguilles n'ayant guère plus de 20 à 25 c. ou

50 c. de long. — C'étaient évidemment des jeunes de l'année précédente. — Plus tard, vers l'automne, je ne rencontrais plus ces petites anguilles ; les plus courtes que je pêchais avaient 35 à 40 c. ; je supposais que c'étaient les mêmes qui au printemps avaient de 20 à 30 c., et qui par conséquent en automne étaient âgées de vingt mois environ. Je prenais en même temps d'autres anguilles plus grosses et marchandes, dont les tailles moyennes pouvaient se classer ainsi : de 45 à 55 c. et de 60 à 75 c, et même quelquefois de plus grandes tailles. — En y réfléchissant, j'ai cru voir dans ces diverses tailles moyennes les dimensions à divers âges, que j'avais fini par classer ainsi : à un an, taille 25 c. ; — à vingt mois, taille 35 c. ; — à deux ans et demi, 50 c. ; — à trois ans et demi ou quatre ans, 70 à 75 c. ; — pour les infiniment plus grosses, la progression pouvait n'être pas la même, car l'on sait que lorsque le poisson a acquis une certaine taille, il s'en faut de beaucoup que son développement ultérieur soit proportionné à l'âge.

D'un autre côté, parmi les anguilles prises dans les nasses au moment où elles se laissent rouler pour aller frayer à la mer, on en trouve de très-grosses, mais jamais ou presque jamais au-dessous d'une taille de 60 à 75 c. ; d'où j'en ai induit depuis longtemps déjà que, sur le Tarn, les anguilles ne commencent à descendre à la mer pour s'y reproduire que lorsqu'elles ont environ quatre ans ; d'où encore la conclusion que c'est à cet âge qu'elles sont adultes.

Quelles sont les conditions favorables au développement des anguilles, la nourriture et le milieu qui leur conviennent?

Les anguilles se développent parfaitement dans les étangs d'eau douce, comme dans ceux d'eau salée et d'eau saumâtre ou mélangée en proportions variables d'eau douce et d'eau salée. L'essentiel, c'est que ces eaux renferment une nourriture abondante, laquelle peut se composer de petits poissons, de larves, de grenouilles, de salamandres, d'insectes, de crustacés, de mollusques, etc. — Enfoncées dans la vase, les anguilles y attendent le passage de leur proie, sur laquelle elles se précipitent ; et lorsqu'elles sont repues, elles rentrent dans leur retraite, souvent facile à reconnaître à une légère protubérance du sol. Quand la température subit de brusques variations, elles cherchent à s'y soustraire, en s'enfonçant plus profondément dans la vase. — Dans la lagune de Comacchio, — que je cite souvent à cause de son intelligente industrie de pêche, — dans cette lagune, où les petites proies et surtout un tout petit poisson, l'acquadelle, abondent, les anguilles qui y sont prisonnières en nombre immense, prennent un accroissement considérable. La pêche de la lagune en fournit tous les ans la preuve. Dans les labyrinthes dressés pour les capturer, au moment où l'instinct les pousse à regagner la mer en automne, on en trouve des quantités énormes, toutes de belle taille, parmi lesquelles un grand nombre pèsent 3, 4, 5 livres, et même quelques-unes jusqu'à 6 livres.

La facilité avec laquelle les anguilles peuvent être élevées dans les étangs serait susceptible de rendre de grands services à l'alimentation, si tous les ans la montée, qui est si souvent gaspillée, était mise à profit pour l'ensemencement des étangs du centre et des côtes de la France. On aurait là un immense approvisionnement qui ne coûterait que très-peu de frais.

Les anguilles sont-elles herbivores ?

La voracité de l'anguille peut bien la pousser, dans un cas d'extrême famine, à s'alimenter de végétaux ; mais ce n'est là pour elle qu'un régime exceptionnel et passager : elle est essentiellement carnivore ; et si elle prospère si bien dans les étangs où la végétation est abondante, c'est moins à cause de l'aliment direct qu'elle y trouve, que des nombreux animalcules que cette végétation entretient, et qui constituent une excellente nourriture animale pour l'anguille.

Quelles sont les causes de la maladie des anguilles, caractérisée par la couleur rougeâtre du ventre ; et dont les effets amènent la mortalité d'un grand nombre de sujets dans les étangs salés du Languedoc ?

Dans les étangs salés où les anguilles abondent, la mortalité de ce poisson est quelquefois énorme. C'est par milliers de kilogrammes qu'on est obligé d'enterrer leurs cadavres, afin de préserver les habitants des influences morbides de la putréfaction d'une si grande quantité de matière animale. — Dans la lagune de Comacchio, cette mortalité a été quelquefois désolante, à la suite des excès de température, et, ainsi que le rapporte M. Coste dans l'intéressante relation de son voyage d'exploration sur les côtes de France et d'Italie, elle s'est élevée à des chiffres inouïs. — A la suite de très-fortes chaleurs, l'énorme évaporation produite sur une masse d'eau d'une étendue immense et de peu de profondeur, la salure des eaux fut tellement augmentée et la putréfaction des plantes aquatiques si considérable, que les anguilles, ainsi que l'autre poisson, périrent en quantités très-considérables. J'en citerai quelques exemples : — En 1789, à la suite d'une grande sécheresse, la lagune perdit près de 500,000 kilog. d'anguilles. En 1825, dans une semblable occasion, la mortalité fut plus considérable encore ; elle arriva à 2,965,400 kilog. de poisson de toute espèce, mais dont la plus grande partie se composait d'anguilles. Les habitants, pour se préserver de la peste, furent obligés d'enterrer ces monceaux de chair en les mêlant à la chaux vive. — Il est très-probable que c'est la même cause de putréfaction qui produit la maladie et la mortalité qui désole les étangs salés du Languedoc. Les anguilles, pour fuir l'excès de température, se réfugient dans la vase contenant, dans les périodes de fortes chaleurs, une foule de matières en putréfaction, et c'est dans ce milieu malsain qu'elles commencent à ressentir les premières atteintes d'une sorte d'intoxication dont la manifestation extérieure est, sans nul doute, cette couleur rougeâtre et quelquefois violacée des parties abdominales. — Dans tous les cas, c'est là une question de physiologie animale qu'il serait intéressant, pour un spécialiste, d'approfondir.

Des Huîtres et des Moules.

Je me suis déjà assez longuement étendu sur les questions se rapportant plus spécialement aux poissons proprement dits ; mon goût pour ces matières m'a fait dépasser les limites que je m'étais tracées dès le principe. Aussi vais-je, dans mes réponses à quelques-unes des questions qui intéressent les mollusques, me renfermer dans la plus stricte limite, et ne donner que quelques aperçus les plus intéressants, laissant à ceux qui s'occupent plus particulièrement de l'industrie coquillère, le soin de développer plus amplement les faits qui s'y rapportent et que je ne ferai qu'indiquer.

Et d'abord, pour abréger, je vais grouper les questions, comme je me propose de grouper aussi les réponses.

Quels sont les fonds sur lesquels aiment à se fixer : 1° Les huîtres; 2° Les moules?

Quels sont ceux sur lesquels elles grossissent, ceux sur lesquels elles engraissent, ceux sur lesquels elles verdissent, ceux sur lesquels elles acquièrent plus de finesse et plus de qualité de chair, et ceux sur lesquels elles se reproduisent le mieux?

A quel âge ces mollusques se reproduisent-ils? Quel est le nombre moyen des sujets qu'ils peuvent produire dans chaque ponte? Quelles sont les causes qui peuvent influer annuellement sur leur stérilité ou leur fécondité?

Je vais d'abord donner quelques aperçus sur la reine des mollusques, l'*Huître*, et je passerai ensuite à son humble sujette la *Moule*.

§ I. — LES HUITRES.

Les fonds qui conviennent à l'huître sont ceux sur lesquels le jeune naissain peut se reposer sans courir le risque d'être entraîné par un trop fort courant, ni d'être atrophié par un excès de vase. La meilleure condition consisterait donc dans une moyenne de sable vaseux, qui serait semé de rochers ou autres corps auxquels la jeune huître pourrait s'accrocher en sortant du sein maternel. Ce sont des conditions que la nature n'a pas départies à toutes nos côtes.

L'immense richesse huîtrière, si connue, des côtes américaines, tient surtout à la configuration des fonds. — De longues bandes de sable courant parallèlement à la côte, à une distance souvent très-rapprochée, interceptent le flot de l'Océan et produisent des anses, des baies, dont le fond se compose d'un sable vaseux sur lequel prospèrent des bancs immenses. — De plus, ces mêmes bandes de sable, retenant les eaux douces des grands fleuves dans les baies, diminuent la salure de ces eaux, ce qui ajoute une autre condition favorable à la multiplication des huîtres.

Lorsque les huîtres se trouvent dans les conditions que je viens d'indiquer sommairement, elles rencontrent sur ces fonds une nourriture animale abondante, qui leur est fournie par cette multitude d'animalcules qui fourmillent dans les sables vaseux. Elles grossissent alors assez rapidement. Sur nos côtes, à l'âge de trois ans, elles arrivent à une taille de 6 à 9 c., et elles sont marchandes et adultes.

A la saison du frai, qui a lieu ordinairement de juin à la fin de septembre, l'huître pond ; mais au lieu d'abandonner ses œufs, comme le font la plupart des poissons, elle les conserve en incubation dans les plis de son manteau, entre les lames branchiales, où ils restent plongés dans une matière muqueuse au sein de laquelle se développe l'embryon. Les œufs, dans cette matière, ressemblent à de la crème épaisse, d'où est venu le nom de *laiteuses*, appliqué aux huîtres dont le manteau renferme encore le frai. — Ces embryons étant assez développés et pouvant vivre de leur vie propre, sont expulsés du sein de la mère, au nombre de *un à deux millions*. En sortant des valves de la mère, ils sont munis d'un appareil qui consiste en une sorte de bourrelet cilié, qu'ils peuvent à volonté faire sortir des valves, et au moyen duquel ils se fixent aux corps solides et à la coquille de la mère. Lorsque la jeune huître est parvenue à se fixer, ce bourrelet lui devenant inutile disparaît ou s'atrophie.

Le naissain, en sortant des valves de la mère, ressemble à une poussière vivante, qui est dispersée si elle ne rencontre sur son passage des corps auxquels elle puisse se fixer. Une portion s'arrête quelquefois sur les valves de la mère, mais ce n'est qu'une fraction très-insignifiante de

ce qui a été expulsé. Aussi a-t-on songé de bonne heure
à tirer parti de cette semence, en lui offrant les moyens
de se fixer, soit sur des rochers, soit sur des pieux, soit
sur des fascines. — L'industrie si ancienne du lac Fusaro,
situé près des ruines de Cumes, au fond du golfe de Baia,
— industrie si bien décrite par M. Coste, — est fondée sur
ces pratiques, qui permettent de récolter les huîtres marchandes, tout en conservant les jeunes générations. Tandis
que sur nos bancs la pêche, telle qu'elle est faite, — au
moyen du *râteau* ou de la *drague*, — compromet l'existence même des gisements, par les bouleversements que
produisent sur les fonds les engins employés, surtout la
drague. La drague se manœuvre, en effet, de manière à
détacher l'huître du fond et à la recevoir dans une poche
en filet de corde ou de fil de fer. Or, on conçoit que le
bouleversement que cet instrument produit sur les bancs
qu'il laboure assez profondément, doit envaser et faire
périr une grande quantité de naissain. Cette cause, venant s'ajouter à plusieurs autres, il en est résulté que des
bancs autrefois productifs, se sont à peu près perdus ou
tendent à se perdre. Mais heureusement il s'est rencon-
tré un savant, brûlant tout à la fois du feu sacré de la
science et du noble désir d'être utile à sa patrie, qui a
pris en main l'opération de l'ensemencement du précieux mollusque sur nos côtes déshéritées, et qui de plus
a organisé tout un système ingénieux d'appareils, à l'aide
desquels la reproduction est reglée et le naissain re-
cueilli d'une manière pour ainsi dire mathématique. Ces

procédés ont commencé à porter leurs fruits : à Arcachon on peut en apprécier déjà les résultats.

Les Américains connaissent, comme les pêcheurs de nos côtes, l'usage de la drague et du râteau, mais ils se servent aussi d'un autre instrument, dont l'usage leur est d'ailleurs imposé par la loi dans certaines parties du littoral. Cet instrument est nommé *oyerstong* ou simplement *tong*. — Qu'on se figure deux râteaux réunis et articulés au moyen d'une charnière ou d'un boulon, de façon à former une sorte de grande pince qui retient les huîtres entre les dents croisées des deux râteaux, et l'on aura la silhouette du tong. — Le tong est éminemment conservateur ; il ne prend en effet que les huîtres marchandes, sans bouleverser les bancs et sans nuire aux jeunes huîtres. — Il serait fort à désirer que l'usage de cet instrument fût introduit sur nos côtes, partout où la configuration du fond le permettrait.

Toutes les huîtres livrées à la consommation ne viennent pas directement des gisements naturels. Sur certaines côtes on les entrepose dans des parcs. Sur celles de l'Amérique, les jeunes huîtres, cueillies sur les bancs naturels, sont *plantées* partout où la marée se fait sentir. Cette culture, réglée comme celle des végétaux, donne à l'alimentation une masse de matière dont nous ne pouvons que difficilement nous faire une idée en France. — Sur quelques-unes de nos côtes, pour donner aux huîtres un degré d'engraissement supérieur, et surtout la viridité si recherchée dans quelques parties de la France, les industriels, après s'être procuré de jeunes huîtres sur les bancs naturels, leur font subir une période de stabulation, qui dure ordinairement deux ans, dans des bassins artificiels. C'est surtout à Marennes que cette dernière industrie a pris le plus de développement, sans doute à cause des qualités particulières qu'offrent les bords de la Seudre, sur lesquels sont établis les réservoirs nommés *claires*. — En 1866 il existait 18,000 claires. — Ces claires sont entourées d'une digue munie d'écluses, qui permettent de régler à volonté l'entrée et la sortie de l'eau de la mer, et de la maintenir, pendant l'intervalle des marées, au niveau convenable. Elles sont submergées par les grandes marées. — Le sol des claires doit être un peu bombé au milieu, afin que les vases soient entraînées dans un fossé circulaire, et ne contrarient pas trop les pensionnaires des bassins. Les claires sont peuplées d'un nombre d'huîtres proportionnel à la superficie, ordinairement de 5,000 par 55 ares. — Ces huîtres sont répandues à la pelle, par un mouvement semblable à celui du semeur qui répand le grain. — Pour peupler les claires, on choisit sur les bancs de la côte ou ailleurs les jeunes huîtres de 12 à 15 mois, lesquelles, ainsi que je l'ai dit un peu plus haut, doivent rester 2 ans dans les bassins. Toutefois, ces huîtres doivent être changées tous les ans de claires, afin de les débarrasser des matières limoneuses en excès qui pourraient leur nuire. — Par ces procédés de culture, dont j'abrège autant que possible la description, les huîtres acquièrent, dans des bassins où elles trouvent en abondance des animalcules et des algues qui leur conviennent, un degré d'engraissement remarquable, ainsi que la viridité qui les fait rechercher ; viridité qu'elles contractent au contact des marnes bleues-vertes qui entrent dans la composition des terrains des environs de Marennes. — Mais la fraude se glisse souvent dans cette branche d'industrie, comme dans bien d'autres. Elle consiste à introduire dans les claires des huîtres grandes, qui n'y séjournent que le temps nécessaire pour acquérir un degré de viridité suffisant, et à les livrer après cela au commerce, manquant nécessairement des qualités que les jeunes seules peuvent acquérir par un séjour prolongé.

Dans les claires les huîtres deviennent laiteuses, comme ailleurs, mais le naissain est en grande partie perdu dans la vase. On pourrait cependant en tirer grand profit pour l'ensemencement, en employant les procédés artificiels pratiqués au lac Fusaro depuis longtemps, et à Arcachon depuis quelques années.

Nos huîtres françaises sont moins abondantes et beaucoup plus petites que les huîtres américaines, mais en revanche leur goût est bien plus succulent. On reproche en général aux huîtres américaines d'être fades, ce qui tient sans doute au mélange plus ou moins considérable des eaux douces avec les eaux salées, dans les golfes et les baies où se trouvent les bancs naturels ou les plantations les plus fertiles. — Cette condition favorable à la production, comme j'ai eu déjà occasion de le dire, nuit à la qualité ; mais lorsqu'il s'agit d'un produit qui est aujourd'hui si avidement et si universellement recherché, tous les efforts doivent avoir pour but l'augmentation du nombre, sans négliger bien entendu l'amélioration partout où la nature le permet.

Un peu plus loin j'aurai occasion de donner quelques chiffres relatifs à l'industrie coquillère, en parlant des ressources que le règne animal des eaux offre à l'alimentation, à l'industrie, etc.

§ II. — Les Moules.

Comme les huîtres, les moules forment des bancs naturels souvent très-considérables. Elles se fixent, du reste, partout où elles peuvent s'accrocher au moyen d'un byssus, espèce de ligament sortant de la charnière de leurs valves, et dont la résistance est assez forte pour braver les flots les plus agités. La moule se suspend à différentes hauteurs, sur les rochers, sur les piquets, les racines, les branches des polypiers et la carène des vaisseaux. Aussi la trouve-t-on moins vaseuse que ne l'est quelquefois l'huître ; sous ce rapport, elle montre plus d'intelligence que sa fière souveraine.

La moule provenant des bancs naturels est petite, âcre, amère et même souvent malsaine ; et à cet égard il y a une grande différence entre elle et l'huître. — La moule n'acquiert toutes ses qualités que par une culture, dont le type est celle des bouchots établis à l'embouchure de la rivière de Marans, sur l'immense vasière de l'anse de l'Aiguillon, près de La Rochelle. Cette industrie, déjà fort ancienne, puisqu'elle fut créée vers le XIIIᵉ siècle, par un Irlandais naufragé nommé Walton, repose sur des procédés fort ingénieux, à la description desquels je vais consacrer quelques mots.

Plusieurs lignes de palissades établies ordinairement sur *quatre* étages, à partir du rivage, reçoivent les moules. — Chaque étage a un nom et une destination différents. Le premier étage, à partir de la mer, se compose d'une simple ligne de pieux isolés, espacés de 50 à 40 c., et se nomme *bouchot d'aval* ou *du bas*. Ces pieux, ne découvrant jamais entièrement ou que très-rarement, sont très-favorablement placés pour conserver le naissain qui vient s'y attacher en abondance, vers les mois de février et de mars, époque de son expulsion des valves maternelles. En juillet, ce naissain a la grosseur d'un haricot et est devenu du *renou-velain*, qui est détaché des pieux du bouchot d'aval, pour être transporté sur le second étage nommé *bouchot bâtard*, lequel est palissadé avec des perches, afin que le renouve-lain puisse mieux s'y accrocher ; cet étage est couvert lors des vives eaux ordinaires. Lorsque ce renouvelain en gros-sissant est devenu trop serré, on l'éclaircit, et celui qu'on enlève est repiqué sur le troisième étage nommé *bouchot de milloin*, palissadé comme le précédent, et découvrant pendant les marées des mortes eaux. Après un an de séjour sur ces palissades, les moules deviennent mar-chandes ; alors, avant de les livrer à la consommation, on leur fait subir un troisième et dernier transbordement et on les transplante sur le clayonnage du dernier étage, nommé *bouchot d'amont*. Cette dernière ligne étant la plus éloignée de la mer, découvre deux fois par jour : ce qui permet à la fois de cueillir facilement les moules lorsqu'on veut les expédier, et de les conserver fraîches et vivantes dans cette espèce d'entrepôt baigné dans l'eau de mer d'une manière périodique.

Les moules sont adultes à l'âge de deux ans, et plusieurs peuvent même, dit-on, reproduire à un an. Leur naissain, sans être aussi abondant que celui des huîtres, l'est cependant encore considérablement ; la ligne des pieux solitaires littéralement couverts de ce naissain en fournit une preuve suffisante.

Je n'entre pas dans d'autres détails, n'ayant eu l'intention que de donner un simple aperçu sur cette industrie, qu'on trouve décrite, ainsi que celle de Marennes, d'une manière très-complète, dans l'ouvrage de M. Coste, que j'ai déjà eu occasion de citer.

Sur les côtes américaines, indépendamment des bancs d'huîtres, il existe d'immenses gisements de coquillages ressemblant à des moules, mais beaucoup plus gros, puisqu'ils peuvent atteindre la taille de 3 pouces 1|2 de long sur 2 ou 2 1/2 de large. Ces mollusques prennent le nom de *Clams*. Les principaux sont le Soft-Clam (*Mya-Arenaria*) et le Round-Clam (*Venus mercenaria*), qui entrent dans l'alimentation américaine en masses énormes, et dont on se fait difficilement une idée en Europe. Ils sont d'une ressource d'autant plus grande, qu'ils se consomment en été quand les huîtres sont laiteuses.

Dans une seconde série de questions spéciales aux huîtres, on pourrait se demander pourquoi les huîtres de la Méditerranée ne prospèrent pas comme celles de l'Océan. — Pourquoi les huîtres de l'Océan importées dans la Méditerranée finissent par dépérir. — Pourquoi les huîtres de l'Océan importées dans l'étang de Thau, après y avoir cru et s'y être améliorées, ne s'y sont pas reproduites, — et enfin si l'on ne pourrait pas tirer parti des propriétés des eaux de cet étang, en y faisant des plantations d'huîtres, comme cela se pratique sur les côtes des États-Unis.

Ces questions de physiologie animale, si intéressantes au point de vue de la propagation de l'huître, seraient bien dignes d'attirer toute l'attention de ceux qui s'occupent spécialement de la culture du précieux mollusque. Il y aurait à examiner si la différence dans la nature des fonds et dans la salure des eaux ne joue pas un rôle important? Toujours est-il qu'on a pu constater l'accroissement rapide des huîtres importées de l'Océan dans l'étang de Thau, où elles ont trouvé en abondance la nourriture qui leur convient; et quoiqu'il semble qu'elles ne puissent pas y devenir propres à la reproduction, il serait facile, ce semble, d'utiliser ces immenses étendues, en les convertissant en bassins d'élevage et d'engraissement, qui seraient peuplés au moyen de jeunes huîtres pêchées sur d'autres côtes. — N'ayant, du reste, désiré donner, ainsi que je l'ai dit au sujet des mollusques, que quelques indications sommaires, je n'essaie pas de traiter des questions toutes spéciales et toutes locales.

Je craindrais d'ailleurs d'étendre beaucoup trop un simple aperçu et de dépasser, par conséquent, le but que je me suis proposé.

Quelles ressources, utilisées ou non encore utilisées, offre le règne animal des eaux à l'alimentation, à la médecine, à l'industrie, à l'agriculture, aux arts, à l'industrie des eaux elle même?

Pour répondre convenablement et *in extenso* à cette question, un volume ne suffirait pas, tellement sont nombreux et divers les usages et les services qu'on peut tirer des produits du règne animal des eaux. Laissant donc aux économistes et aux industriels le soin de traiter à fond ce sujet, je vais me contenter de fournir de courtes indications, appuyées sur quelques chiffres, qui suffiront pour donner une idée des ressources que les habitants de l'onde peuvent fournir à l'homme.

Les questions d'alimentation ont acquis, de nos jours, une grande importance. Les besoins de confort et de bien-être sont devenus si impérieux dans nos sociétés modernes, que les gouvernements ont dû sérieusement s'occuper de rechercher tous les moyens et toutes les améliorations qui peuvent les satisfaire. De là la création d'une foule de sociétés, portant des noms divers et s'occupant de branches différentes de la production, mais qui toutes concourent au même but. — Or, il est peu de branches de la production qui puissent fournir à l'alimentation autant de ressources que le règne animal des eaux. — Certains peuples, habitant des latitudes où les mammifères et les oiseaux ne peuvent vivre qu'en très-petit nombre, se nourrissent presque exclusivement de poissons. Dans nos contrées même, si l'on pouvait parcourir une statistique indiquant la masse de poissons qui se consomment, soit frais, soit conservés, chez nous ou ailleurs, on serait surpris des chiffres qu'on y trouverait.

Mais ce n'est pas seulement à l'alimentation que les produits animaux des eaux sont utiles; une foule d'autres branches de l'activité humaine y trouvent aussi de grandes ressources.

Pour résumer par quelques chiffres l'importance des produits du règne animal des eaux appliqués à l'alimentation, je peux dire avant tout détail, qu'on estime les denrées alimentaires que la pêche côtière seule fournit tous les ans à la France, à une valeur de près de 50 millions [1].

---

[1] Les produits fournis à l'alimentation par la pêche côtière augmentent chaque jour, et viennent démontrer les bons effets des facilités accordées à cette industrie — En 1866, la vente du poisson s'est élevée à 46.371,828 fr.; 16,369 bateaux, montés par 59,626 marins, ont été employés à la pêche.

(Exposé de la situation de l'Empire.)

En Norwège, le produit des pêches s'élève au même chiffre.

En Russie, le produit de la pêche marine peut être évalué à 68 millions de francs, et celui de la pêche intérieure ou des fleuves à 10 millions environ.

Dans le Royaume-Uni, l'Écosse seule avait employé, en 1864, pour ses pêcheries, 12,705 bateaux jaugeant 92,887 tonneaux et montés par 40,954 marins ou mousses et apprentis[1].

L'Italie emploie à la pêche côtière 9,522 bateaux jaugeant 29,976 tonneaux[2].

Les États-Unis de l'Amérique du Nord retirent de la pêche côtière des produits bien plus considérables que ceux que je viens d'énoncer.

L'un des poissons dont la pêche se poursuit avec le plus d'activité est la *Morue*. Cette industrie appartient à ce qu'on appelle la grande pêche ; elle peut fournir presque instantanément à l'État un très-grand nombre de marins aguerris : aussi reçoit-elle des encouragements nombreux sous les noms de primes d'armement ou de produit. — 5 ou 6,000 navires appartenant à toutes les nations, se livrent tous les ans à cette pêche, et capturent des millions de morues, qui sont conservées et préparées de diverses façons. — La France seule arme annuellement, pour cette pêche, environ 400 navires

---

[1] *Annales et archives de l'industrie au XIXe siècle.*
[2] *Ibid.*

jaugeant près de 50,000 tonneaux et montés par 12,000 matelots. Ces navires rapportent dans nos ports environ 30 millions de kilogrammes de poisson, dont environ 12 millions sont employés par la consommation intérieure, tandis que le reste alimente notre commerce d'exportation. — Les Américains, les Anglais, les Norwégiens, les Hollandais se livrent aussi à la pêche de la morue d'une manière très-active. — On estime que l'Angleterre y emploie environ 2,000 navires de divers tonnages, montés par 50,000 marins, et l'Amérique du Nord 3,000 navires, montés par 45,000 marins. — Les Norwégiens pêchent 36 millions de kilog. de morue.

Dans le Vestfjord, la pêche de la morue occupe environ 5,500 bateaux, montés par 21,000 marins, et produit de 20 à 25 millions de poissons.

La pêche de la morue se fait avec le filet, la seine, ou avec la ligne appâtée de rogues de morues, de harengs salés ou même de petits morceaux de poissons, ou bien d'un petit poisson le cépelan (*Salmo groenlandicus*. — Bloch).

Quand la morue fraie, elle ne se soucie guère d'appât et ne mord pas à l'ameçon ; alors elle est pêchée au filet. — A Lofoden (côtes de Norwége), cette pêche au filet est souvent très-lucrative. — Les filets dont se servent les pêcheurs de ces parages, ont une longueur de 10 à 20 brasses et une hauteur de 25 à 60 mailles dont la dimension est de 8 à 9 centimètres d'un nœud à l'autre. 15 ou 20 de ces filets forment une nappe ou *tessure*, qui est tendue sur les fonds dans l'après-midi et relevée le lendemain matin. Une tessure se charge en moyenne de 4 à 500 poissons par nuit.

La morue prend différents noms, suivant le genre de préparation qu'on lui fait subir. On appelle *morue fraiche*, *cabeliau* ou *cabillaud* celle qui vient de sortir de l'eau ; *morue verte*, celle qui est salée sans être sèche ; *klipfish*, celle qui est lavée, salée et séchée ; *stokfish*, celle qui est séchée sans être salée. — Dans le commerce, on distingue encore la morue en *barils*, en *boucauts*, en *grenier*, etc.

Indépendamment des produits alimentaires que fournit la morue, l'industrie sait tirer de ses issues un produit assez considérable. Son foie est pressé et fournit des huiles, les unes blondes ou blanches, qui depuis quelques années sont employées comme agents thérapeutiqnes par la médecine ; les autres, brunes ou noires, dont font usage les corroyeurs. — Les langues, les intestins et les œufs sont salés et sont employés plus tard, soit par l'alimentation, soit par l'industrie même de la pêche. C'est, en effet, avec les œufs de morue principalement que se fabrique la rogue, si recherchée comme appât pour attirer la sardine. Enfin, les parties de la tête, des intestins ou autres qui paraissent n'avoir aucune autre utilité, servent à la fabrication d'un excellent engrais agricole par leur mélange avec d'autres matières [1].

---

[1] La Norwège exporte annuellement 60,000 barils d'huile de foies de morues, à 90 fr. le baril, représentent 5,400.000 fr ; 35,000 barils de rogues, à 50 fr., et 35,000 kilog. de guano de poisson, à 20 fr. les 100 kilog. (*Annales et archives de l'industrie au XIX° siècle*).

Par cet aperçu on voit quelles ressources, considérables à divers points de vue, procure la pêche de la morue seule.

La pêche du *hareng* fournit aussi à l'alimentation de grandes quantités de matières comestibles, que l'industrie sait préparer de différentes manières, et qui deviennent ensuite un objet de commerce important. — Cette pêche est quelquefois si abondante, que les filets sont retirés chargés de poissons, et qu'en moins de deux heures on a pu en prendre jusqu'à 100,000. Quand les pêcheurs ne peuvent pas se débarrasser de tous les harengs qu'ils ont pêchés pendant la nuit, ils leur font subir une première préparation qui consiste à les vider, puis à les saler légèrement dans la saumure ; plus tard, sur la côte, on les fait passer dans une seconde saumure et on les soumet à la fumée, pour obtenir ce qu'on nomme les *harengs saurs*, ou bien encore lorsque les harengs ont pris assez de sel, on les arrange par lits dans les barils : c'est ce qu'on appelle *caquer* les harengs. Les caques ou barils sont de bois de chêne, les autres essences communiquant aux harengs une odeur désagréable et une saveur amère. — Les harengs prennent aussi différents noms, suivant les lieux de provenance et suivant l'état dans lequel ils se trouvent au moment de la pêche. Ainsi, on appelle *harengs vierges* ceux qui n'ont pas encore frayé ; *harengs pleins* ceux qui portent des œufs ou de la laite ; *harengs vides* ceux qui ont lâché leurs œufs ou leur semence. Ces derniers sont les moins estimés.

La pêche du hareng se fait la nuit au moyen de grands

filets, sortes de seines qui circonscrivent un grand espace.—
Le chiffre auquel s'élève la quantité de harengs pêchés par
les matelots des diverses nations est vraiment fabuleux.—
Les Hollandais ont été les premiers à faire cette pêche, et
c'est à elle qu'ils durent leur puissance maritime, jadis si
formidable ; mais ils furent bientôt suivis par les Anglais,
les Français, les Danois, les Suédois, les Norwégiens.
Aujourd'hui les Anglais, les Hollandais et les Norwégiens
ont à peu près le monopole de l'exportation de ce produit.
Les Français, les Danois et les Suédois ne le pêchent
guère au-delà de leur consommation. — La quantité de
harengs pêchés tous les ans par les Anglais est énorme.
Le petit port de Yarmouth seul équipe, pour cette pêche,
400 navires de 40 à 70 tonneaux, dont les plus grands
ont de 10 à 12 hommes d'équipage, et en retire un
revenu de 17 à 18 millions de francs. En 1857, trois
de ces navires, appartenant à la même maison, rappor-
tèrent 5,762,000 poissons. A Bergen (Norwège), on sale
de 500,000 à 600,000 barils de harengs pêchés pendant
l'hiver. Chaque baril contient de 450 à 500 poissons ;
ce qui produit un chiffre de près de 500 millions de
harengs. On assure même qu'en 1860 le chiffre fut encore plus élevé. — La Norwège entière en pêche plus
de 800,000 barils.

En France, cette pêche est faite par plus de 6,000
marins, et produit environ 7 millions de francs.

Cette pêche est quelquefois d'une abondance extrême. —
A Khinn, au nord de Bergen (Norwège), on a pris souvent,

plusieurs jours de suite, 50 à 60,000 barils de harengs par jour.

Indépendamment de la matière alimentaire fournie par le hareng, on extrait de ce poisson une huile qui peut remplacer celle de la baleine. A cet effet, on met bouillir les poissons pendant cinq ou six heures, en ayant soin de remuer constamment ; ils se réduisent en bouillie ; puis on laisse refroidir la masse, et l'on décante l'huile qui surnage. Le résidu des chaudières constitue encore un excellent engrais recherché par l'agriculture.

La pêche de la *sardine* fournit aussi une immense quantité de matière alimentaire qui reçoit, comme le hareng et la morue, diverses préparations. Cette pêche commence au printemps ; elle se fait avec des seines et autres filets traînants ; quand elle est bonne, chaque embarcation revient avec 25,000 ou 30,000 poissons. — Les pêcheurs attirent ordinairement les sardines en jetant à la mer un appât nommé *rogue*, formé avec des œufs de morues ou de maquereaux salés sur les côtes de Norwège, de Danemark et des États-Unis. — Cette pêche dure ordinairement cinq ou six mois. — Sur nos côtes de Bretagne, elle est faite par 1,000 à 1,200 embarcations, montées chacune par cinq hommes et munies de cinq à six filets, d'appâts, de sel et de paniers ; le produit total peut être évalué à 600 millions de poissons. — Les Anglais font aussi cette pêche avec la grande seine. — Dans la Méditerranée, les pêcheurs emploient un filet, nommé le *sardinal*, qui flotte entre deux eaux en dérivant au gré du courant, avec le bateau auquel il est attaché d'un côté, l'autre bout étant fixé au rivage, et décrit ainsi forcément une courbe dans laquelle il enferme les poissons. — Les pêcheurs des côtes de l'Italie centrale pêchent, tous les ans, environ 750,000 kilog. de sardines.

On prépare les sardines de plusieurs manières : on les dit salées en *vert*, quand on les saupoudre seulement de sel ; en *grenier*, quand on les met en tas avec du sel entre chaque couche ; en *malestan*, quand, après les avoir lavées dans l'eau salée, on les met en barils par couches saupoudrées de sel, d'où elles sont extraites pour être lavées de nouveau dans la saumure et être ensuite arrangées symétriquement dans de nouveaux barils, où elles sont pressées jusqu'à complet écoulement de la saumure et de l'huile. Elles sont *anchoisées* lorsqu'elles sont mises en baril avec de la saumure mélangée d'ocre rouge pulvérisé. On les *saurit* lorsqu'après les avoir salées, on les suspend pendant sept ou huit jours à la fumée d'un feu de copeaux de chêne. On les met aussi en *boîtes* de fer-blanc, après les avoir confites à l'huile vierge, c'est-à-dire de première qualité. On les conserve aussi dans du beurre fondu, en *daube*. Ainsi préparée, la sardine devient l'objet d'un commerce assez étendu. Du reste, lorsqu'on peut la manger fraîche, elle est d'un goût exquis.

En parlant de l'*anchois*, ce compagnon de la sardine, j'ai dit quelques mots de sa pêche, des préparations qu'on lui fait subir et du commerce auquel ce petit poisson donne lieu en foire de Beaucaire ; je n'y reviendrai pas.

Le *Maquereau* dont la pêche se poursuit avec activité sur nos côtes de l'Océan [1] et surtout sur les côtes américaines, entre aussi pour une part considérable dans l'alimentation. Chez nous ce poisson ne se consomme que frais, sans doute parce que la capture n'en est pas assez abondante pour qu'il faille le conserver en salaisons. Sur le littoral américain, il en est autrement. Les pêcheurs non-seulement fournissent à la consommation journalière des principales villes des États-Unis une grande quantité de maquereaux frais, mais encore ils en salent beaucoup. Cette dernière opération se fait quand les poissons cessent de mordre et que la rogue, qui sert ordinairement à les faire lever, devient impuissante à produire cet effet. Les rôles sont alors partagés : les uns fendent le maquereau par le dos; d'autres l'*habillent*, c'est-à-dire enlèvent les entrailles et les ouïes, et d'autres le passent au sel et l'embarrillent. — Les résidus, qui forment souvent des tas considérables, sont encore utilisés pour la composition d'engrais très-recherchés par l'agriculture.

Sur les côtes orientales de l'Amérique du Nord, la pêche du maquereau est souvent d'une abondance extrême. Un schooner a pris, en effet, jusqu'à 80 barils de maquereaux dans la journée : or, le baril contient 200 livres de poisson ; ce qui porte le total de la capture à 8,000 kilogr. On emploie ordinairement pour cette pêche des schooners de 40 à 120 tonneaux. En 1854, le

[1] En 1866, la pêche du maquereau sur les côtes de France a été faite par 1,176 marins, et a produit pour 2,373,634 fr. de poisson.

nombre des navires américains armés pour cette industrie s'est élevé à 1,800, dont le quart appartenait à la circonscription seule de Gloucester, voisine des parages où le maquereau est le plus abondant. Depuis cette époque le nombre n'a fait sans doute que s'accroître, surtout depuis que la guerre fratricide qui désolait ces contrées a complètement cessé.

L'alimentation retire encore des ressources considérables du *Thon*, grand et bon poisson, pêché souvent en abondance dans la Méditerranée et qui se consomme frais ou mariné [1]. Les conserves de thon sont pour les côtes de la Provence un article d'industrie et de commerce assez étendu. — J'ai déjà décrit, en parlant de ce poisson, la manière dont il est pêché.

Il est un poisson de très-grande taille, qui est à peu près inconnu en France, au moins comme matière alimentaire, et qui cependant pourrait être d'une grande ressource pour les classes peu aisées, vu son abondance extrême sur les lieux de pêche et par conséquent son bon marché : c'est le *Flétan*, nommé aussi *Halibut* par les Américains. Le flétan parvient à des dimensions si considérables que, parmi les poissons comestibles, il peut être considéré comme l'analogue du bœuf parmi les animaux livrés à la boucherie : on en prend, en effet, du poids

---

[1] Sur les côtes de Toscane, la pêche du thon produit annuellement près de 270,000 kilog de poisson. — La Sardaigne exporte annuellement plus d'un million de kilog de thon ou de thonine. — En Sicile, il y a vingt-deux pêcheries de thon, qui prennent des quantités considérables de ces poissons.

de 300, 400 et 500 livres. Sa chair est blanche et délicate, mais manquant un peu de saveur ; il est vrai qu'en revanche elle se prête à une foule de préparations. Toujours est-il qu'il est consommé en masses très-considérables par les Américains.

La pêche du flétan est faite par les Anglais, les Hollandais, les Norwégiens et les Irlandais, dans les mers du nord de l'Europe ; mais les Américains lui ont donné une importance toute particulière sur les bancs de Saint-George et de l'île de Sable. Le flétan peut être péché aussi en abondance sur le grand banc de Terre-Neuve ; mais les Français négligent de le prendre. Cependant les Américains leur ont donné, depuis longtemps, l'exemple du parti qu'on peut en tirer. — On estime que le port de New-London seul en prend 1,500,000 kilog. — Le flétan est consommé soit frais, soit salé, soit fumé comme le saumon. Lorsque les schooners font la pêche au large et qu'ils veulent conserver le flétan au frais, — comme ils le font du reste pour les autres poissons, — ils introduisent ceux qui sont de petite taille dans les viviers, dont les bâtiments sont ordinairement munis, et ils conservent les gros dans des glacières faisant partie de leur navire.

Nos pêcheurs de Terre-Neuve pourraient, comme les Américains, tirer un grand parti du flétan, dont il leur serait facile de combiner la pêche avec celle de la morue. Le flétan ne pourrait pas être porté frais en France, mais en subissant une préparation au sel ou à la fumée, il serait, comme la morue, un article important, de bonne qualité et à bon marché, qui rendrait des services considérables à l'alimentation des masses.

Une foule d'autres poissons de mer, dont j'ai déjà parlé ailleurs, sont apportés frais en plus ou moins grand nombre sur nos marchés ; tels sont : la sole, la dorade, le grondin, le turbot, la plie, le loup, etc. — Ils donnent lieu, comme on sait, à un commerce assez considérable. — Les poissons voyageurs, l'alose, la lamproie, l'esturgeon et surtout le saumon, fournissent aussi un contingent assez considérable à nos marchés. — En parlant de l'esturgeon, j'ai déjà dit quelques mots des ressources alimentaires que la pêche de ce poisson procure aux populations riveraines des grands fleuves de l'est de l'Europe, par sa chair consommée fraîche ou salée, ainsi que par le *caviar* qu'on prépare avec ses œufs. — J'ai indiqué aussi l'usage que l'on peut faire de sa peau comme vêtement, de sa graisse, qui peut tenir lieu de beurre, et de sa vessie natatoire, avec laquelle on fabrique la colle forte ou ichtyocolle [1].

Le *Saumon*, cet excellent poisson si recherché chez nous, est très-abondant dans les eaux de l'Europe septentrionale et de l'Amérique du Nord. Dans les contrées où il est pêché en trop grande quantité pour qu'on puisse le consommer frais, il est conservé, soit fumé, soit salé, et il

---

[1] En Russie, la fabrication du *caviar* s'élève à près de 3 millions de kilog., représentant environ 10 millions de francs. — Celle de l'*ichtyocolle* atteint 80,000 kilog., valant 2,400,000 francs. — La fabrication de la *vésiga* (corde dorsale de l'esturgeon, préparée d'une certaine manière et très-recherchée pour la table) représente 500,000 francs.

constitue alors l'une des meilleures conserves alimentaires.
— Le commerce du saumon fumé est assez considérable
dans certaines villes maritimes. — En Écosse et en Irlande,
la pêche du saumon est l'une des plus productives que
l'on puisse faire, tant ce poisson y est abondant, grâce à
une bonne législation et aux moyens mis en œuvre pour
assurer sa multiplication et faciliter ses pérégrinations.
M. Coste estime le produit de cette pêche à près de
17 millions de francs. — Du reste, on ne s'étonnera pas
de ce chiffre lorsqu'on saura que dans une pêcherie
irlandaise, celle de Galway, sur une étendue de 1200 mètres seulement, les pêcheurs à la ligne ont pris, dans
une saison, en 1862, plus de 5,000 saumons. Un seul de
ces pêcheurs en a pris 271, pesant ensemble 650 kilog.
Heureux pêcheurs à la ligne !

J'ai eu plusieurs fois occasion de citer les ingénieux
procédés de culture et de pêche employés dans la lagune
de Comacchio, et j'ai déjà mentionné le chiffre d'un million de kilog. de poisson que fournit tous les ans, en
moyenne, la récolte de la lagune. Cette quantité de
poisson, dont la majeure partie, ainsi que je l'ai déjà dit,
se compose de superbes anguilles, donne lieu à un commerce d'importation assez étendu. — A l'époque des
pêches, en automne, on voit arriver les marchands de
poisson, accompagnés d'une barque remorquant souvent
plusieurs bateaux-viviers (*burchi*), qu'ils remplissent d'anguilles vivantes, lesquelles sont ainsi transportées par la
voie de l'Adriatique, des fleuves, des rivières et des

canaux, dans toutes les provinces voisines, où elles sont livrées aux consommateurs parfaitement fraîches et en vie. Les anguilles qui ne peuvent pas être vendues fraîches, sont conservées, après avoir été fumées, marinées ou salées. Ces diverses préparations constituent, à Comacchio, une industrie qui envoie ses produits, non-seulement dans les diverses parties de l'Italie, mais jusqu'en Allemagne, en Russie et en Orient. Quiconque veut connaître tous les détails de cette industrie, doit lire l'intéressante relation qu'en a fait M. Coste.

Les *Mollusques*, qui, dans l'Amérique du Nord, fournissent une si grande masse de matière alimentaire, donnent aussi lieu en France à une industrie assez considérable. Toutefois, la reine des mollusques, l'huître, si recherchée chez nous pour les qualités de sa chair, ne répond pas, par son abondance, aux besoins sans cesse croissants de la consommation. Son prix, depuis quelques années, s'est sensiblement élevé, malgré tous les soins que des hommes dévoués ont mis à la multiplier. Cependant nous avons des motifs d'espérer que les nouveaux procédés mis en œuvre pour la multiplication et la conservation du naissain, produiront des résultats qui, en mettant la production en harmonie avec la consommation, provoqueront une baisse dans le prix du précieux bivalve. — Du reste, telle qu'elle est actuellement en France, l'industrie huîtrière est encore assez lucrative sur certaines côtes, grâce aux soins qui sont pris pour la conservation des bancs. — Ostende, Cancale, l'île de Rhé,

Marennes, Arcachon, en retirent des produits assez considérables [1]. — A Paris, seulement, on consomme environ 60 millions d'huîtres par an.

Mais ce qui est presque incroyable, ce sont les chiffres de consommation des villes de l'Amérique du Nord. Je vais en citer quelques-uns, empruntés à un livre si intéressant de M. de Broca, qui a pu puiser ses renseignements à bonne source et sur les lieux mêmes. — On consomme :

A New-York.............	2,780,000,000
En Virginie............	420,000,000
A Baltimore............	1,400,000,000
A Philadelphie.........	1,000.000,000
A Fair-Haven..........	800,000,000
Autres villes, telles que Boston-Providence , etc.	1,600,000,000
	8,000,000,000

Huit milliards ! chiffre énorme, et encore on n'y comprend pas les quantités consommées journellement sur les côtes par les pêcheurs et les riverains. — Si, en outre, on tient compte de la dimension des huîtres américaines, beaucoup plus grandes que les nôtres, l'on se fera une

---

[1] 1340 parcs aux huîtres ont été créés en 1866 ; le nombre de ces établissements formés en 1865 était de 1956 ; en 1864, de 1501 ; aujourd'hui on compte sur les rivages 37,000 parcs ou viviers pour le dépôt, l'élevage ou la fixation de l'huître (indépendamment de 18,000 claires à huîtres, construites sur les bords de la Seudre, à Marennes), couvrant une superficie de 6,000 hectares environ (*Exposé de la situation de l'Empire*).

idée de la masse énorme de matière alimentaire que l'industrie huîtrière fournit aux populations américaines. — Aux États-Unis, les huîtres sont consommées fraîches, comme chez nous, mais de plus elles subissent une foule de préparations culinaires. — Elles sont transportées jusque dans les parties les plus reculées de l'Union, sous toutes les formes : en écailles, en chair crue séparée de l'écaille et conservée dans la glace, en marinades, en pâtés, en boîtes scellées au bain-marie, etc. — On se figure aisément le mouvement maritime que crée une telle industrie et le nombre de bateaux et de marins qu'elle doit exiger. — J'en donnerai une idée en citant un ou deux chiffres se rapportant à l'industrie des plantations d'huîtres : nous savons que les Américains, non-seulement recueillent l'huître sur les gîsements naturels, mais qu'ils la plantent et l'engraissent partout où la marée se fait sentir. Or, cette seule industrie dans les baies de New-York, Boston et du cap Cod, emploie plus de 150 navires, et dans la baie de New-Haven près de 200, soit pour transporter les sujets destinés aux plantations, soit pour enlever les huîtres qui ont grandi sur les fonds nourriciers. — Cette extrême abondance permet de donner ce produit à un très-bas prix, malgré l'énorme consommation qui s'en fait. Ainsi, les huîtres américaines ne valent en moyenne que 1 dollard (un peu plus de 5 fr.) le boisseau contenant environ 400 huîtres, ce qui fait 1 fr. 25 le 100. — Comme nous sommes loin du prix qu'elles ont atteint en France !

Quelques autres mollusques recueillis sur nos côtes, et dont le principal est la *Moule*, entrent aussi dans l'alimentation, surtout parmi les classes peu aisées et dans le voisinage des rivages maritimes. — Sur les bords de la Méditerranée on consomme aussi quelques autres coquillages, tels que les *clovisses* et les *praïres*. — Les moules forment sur certaines côtes des bancs considérables ; mais une industrie sur laquelle j'ai déjà dit quelques mots, est parvenue à les élever d'une manière on ne peut plus intelligente, en masses très-considérables , dans la baie de l'Aiguillon, sur la vasière qui existe à l'embouchure de la rivière de Marans. — Il y a , dans cette baie, environ 500 bouchots exploités par trois communes voisines : Charron, Esnandes et Marsilly, lesquels produisent une quantité de moules tellement considérable, « qu'une esca- « dre de vaisseaux de ligne ne pourrait suffire à les renfermer dans ses flancs, » ainsi que l'a observé M. Coste, dans la description de cette industrie. — Un bouchot bien garni fournit ordinairement une charge par mètre , c'est-à-dire de 400 à 500 charges pour tout le bouchot, suivant la longueur des ailes. La charge est de 150 kilog. Chaque bouchot donne donc une récolte de 60 à 75,000 kilog. ; ce qui produit pour les 500 bouchots un poids total de 50 à 37 millions de kilog. — La charge ne se vend guère au-delà de 5 fr. — Cette énorme quantité de moules est transportée par barques ou par charrettes à Bordeaux, La Rochelle, Rochefort, Angoulême, Tours, Angers, etc. Cette industrie donne l'aisance aux habitants de la baie, et procure en même temps une matière alimentaire à bon marché aux populations voisines.

Sur les côtes américaines, les mollusques connus sous les noms de *Clams*, dont j'ai déjà dit quelques mots, forment des gisements tellement considérables, que la production en est pour ainsi dire illimitée. Ces clams peuvent, comme les huîtres, se prêter à une foule de préparations culinaires ; et si d'un autre côté on considère que, malgré, leur grande taille, ils ne se vendent guère plus de 75 cent. le boisseau de 400 environ, on conçoit de quelle ressource immense ils doivent être pour les populations ouvrières. — Ces coquillages ont de plus, comme la moule, l'avantage de pouvoir se consommer en été, quand les huîtres sont laiteuses.

L'industrie et l'agriculture tirent encore parti des écailles des mollusques, de l'huître surtout, pour la fabrication de certains articles, ainsi que des chaux agricoles ou à bâtir. — En 1857, ainsi que le rapporte M. de Broca, les maisons d'expédition d'huîtres de Baltimore vendaient pour plus de 600,000 fr. d'écailles et, avant la guerre, les fours à chaux de M. Barnet, à Fair-Haven, en brûlaient annuellement plus de 250,000 boisseaux. — Actuellement, sur la côte américaine, de nombreuses usines s'occupent de cette industrie.

Les *Crustacés*, tels que homards, langoustes, chevrettes, etc., entrent aussi pour une part plus ou moins considérable dans l'alimentation de certains pays. — Un peu plus loin je leur consacrerai quelques lignes spéciales.

L'industrie et les arts savent tirer parti de quelques produits fournis par les animaux aquatiques. On sait quel rôle considérable jouent dans le commerce et l'industrie les huiles extraites des poissons. On sait aussi que leur peau et leurs os, et notamment les fanons de la baleine, servent à la fabrication d'une foule d'objets. — Je n'ai pas à rappeler ici les divers usages auxquels ces articles peuvent être employés. — L'*ichtyocolle* ou colle de poisson est fabriquée avec la vessie natatoire des gros poissons, et nous savons déjà que celle du grand esturgeon des fleuves de la Caspienne et de la mer Noire sert spécialement à cet usage. — Les *perles fausses*, imitation si parfaite des vraies perles, sont fabriquées au moyen de la substance argentée fournie par de petits poissons : l'ablette de la Seine et l'argentine de la Méditerranée. C'est surtout près de Fréneuse, non loin d'Elbeuf, que sont établies les fabriques de fausses perles. Les ablettes y sont si nombreuses que, dans très-peu de temps on peut en prendre des milliers. La matière argentée est retirée de sous les écailles ventrales que des femmes et des enfants sont occupés à enlever. Ces écailles sont d'abord lavées avec précaution, afin de les débarrasser de leurs mucosités ; puis elles sont battues et agitées fortement et comme triturées dans un vase avec très-peu d'eau ; on passe le produit dans un tamis pour le séparer des écailles ; on laisse reposer, puis on décante le dépôt ; on lave de nouveau et, après une seconde décantation, on obtient le produit argenté à l'état de poudre impalpable. Pour le conserver, on le mélange avec de l'ammoniaque ; et, lorsqu'on veut l'employer, on le délaie dans une dissolution gélatineuse qui est introduite dans les boules de verre auxquelles elle donne l'éclat argenté et nacré des vraies perles. — On dit que l'art de fabriquer les fausses perles est depuis fort longtemps connu des Chinois. — Les argentines dont on se sert pour le même usage, sur les côtes d'Italie, ont leur matière argentée dans leur vessie natatoire et non sous les écailles.

Enfin, le règne animal des eaux peut fournir bien des éléments d'amélioration à l'industrie des eaux elles-mêmes, et spécialement à leur culture. — Je rappelle, en effet, avec quelle abondance les jeunes poissons, les anguilles surtout, remontent des côtes de la mer dans les embouchures des fleuves. Or, quel parti ne pourrait-on pas tirer de ces myriades de jeunes animaux pour peupler des eaux qui, jusqu'à présent, ont été plus ou moins improductives? Combien n'y a-t-il pas en France d'étangs d'eau douce ou d'eau saumâtre qu'on pourrait empoissonner au moyen de la montée des anguilles, qui est presque toujours gaspillée? Il y a là une question d'alimentation bien digne d'un sérieux examen, et qui mériterait qu'on entreprît quelques essais.

Quelle place tiennent, dans l'alimentation de certains pays étrangers, les langoustes, les homards, les crabes, les tortues, les anémones, les holothuries, etc., etc?

Nous savons quelles sont les ressources alimentaires que fournissent les poissons et les mollusques; mais d'autres espèces peuvent aussi, sous ce rapport, rendre certains services. — En première ligne se présentent quelques *crustacés*, dont les principaux sont le *Homard*, la *Langouste* et la *Chevrette*. Ces crustacés sont l'objet d'un commerce assez important sur les côtes de l'Océan et de la Méditerranée. Je vais dire quelques mots de leurs habitudes :

La saison des amours commence en septembre pour le homard et en octobre pour la langouste, et dure pour l'un et pour l'autre jusqu'au mois de janvier. Pendant cette période les sexes se recherchent et se rencontrent. — Le homard produit environ 20,000 œufs, la langouste 100,000. Ces œufs sont appliqués contre la face ventrale de la queue, sous laquelle ils sont retenus par une humeur visqueuse. — Les femelles ainsi chargées d'œufs sont dites *grenées*. L'évolution des germes dure six mois. Aussitôt nés, les jeunes crustacés s'éloignent de leur mère et montent à la surface de l'eau pour gagner la haute mer ; et ce n'est que vers le quarantième jour, après avoir subi quatre mues, qu'ils perdent ces organes transitoires qui, jusque-là, leur avaient servi à la natation. A mesure que les jeunes homards et langoustes grandissent, ils se rapprochent du rivage. Ils ne deviennent adultes et aptes à se reproduire qu'à la fin de leur cinquième année, après avoir changé, en moyenne, 21 fois de carapace calcaire.

Les homards et les langoustes sont pêchés au moyen de paniers en forme de cônes tronqués, dans lesquels on introduit comme appât des débris de poissons. — Les homards sont abondants sur les côtes de Bretagne. Les pêcheurs des îles de Chausey, vis-à-vis Granville (Manche), en expédient annuellement de 8 à 9,000, dont la plupart sont envoyés à Paris. — Les langoustes, qui sont les homards de la Méditerranée, sont pêchées principalement dans le détroit de Bonifacio. Elles sont plus délicates et moins indigestes que le homard. En Norwège on prend beaucoup de homards.

Mais c'est surtout sur le littoral des États-Unis, dans les parages du cap Cod, du Maine, de la Nouvelle-Écosse et sur les rivages de Terre-Neuve, qu'on prend des quantités énormes de homards. Ces crustacés sont conservés dans des bateaux-viviers et, en arrivant à la côte, ils sont livrés aux propriétaires de réserves, qui les déposent dans de grandes caisses flottantes jusqu'au moment où ils sont livrés à la consommation. Les établissements de ce genre se trouvent pour la plupart à Boston, sur les chaussées de Cambridge et de Charlestownn. Ces chaussées traversent un bras de mer, dont les eaux renouvelées à chaque marée entretiennent dans les réserves une limpidité et un courant suffisants, pour que les crustacés, quoique entassés, puissent y vivre assez longtemps. — A Boston, les homards se vendent généralement bouillis. Mais ils sont si abondants, qu'ils ne peuvent pas être tous consommés immédiatement ; aussi en prépare-t-on des conserves et des marinades, que l'on enferme dans des boîtes de fer blanc scellées au bain-marie.

En Angleterre, le commerce des crustacés a pris aussi une extension considérable. On estime qu'il se vend annuellement sur le marché de Londres seul 2,500,000 grands crustacés, et dans toute la Grande-Bretagne 5,000,000. — Ces crustacés viennent en grandes quantités des côtes de la Norwège[1], de l'Irlande et de la Corse. Ils sont transportés au moyen de bateaux-viviers ; et en arrivant ils sont déposés dans des réservoirs alimentés par l'eau de mer. Aux environs de Southampton, à Hamble, il existe un de ces réservoirs qui peut contenir facilement 50,000 homards. — En France nous n'avons pas des réserves de cette importance ; cependant à Concarneau il a été établi, sous la surveillance du pilote Guillou, des bassins contenant constamment un approvisionnement assez considérable.

Les *Chevrettes* sont assez recherchées dans certaines villes. A Paris, on en fait une grande consommation. Ces crustacés ressemblent assez aux écrevisses. A Chausey la pêche des chevrettes est faite par des femmes, qui fouillent les roches et les mares, et peuvent en ramasser, en moyenne, 2 kilog. par jour. — Le produit des chevrettes, retiré tous les ans de Chausey, peut s'élever à 2,500 kilog., dont la majeure partie est envoyée à Paris. — A La Rochelle il existe des bassins particuliers consacrés à la reproduction des chevrettes.

Les autres crustacés sont loin d'être recherchés comme

---

[1] La Norwège exporte annuellement environ 2,000,000 de homards.

ceux que je viens de mentionner ; cependant, dans certains pays on en consomme quelques autres. Ainsi, à Venise, on vend, chaque année , pour près de 500,000 fr. de crabes ordinaires.

Les *Tortues,* soit de terre, soit de mer, dont quelques espèces atteignent des tailles colossales, sont un mets sain et nutritif, recherché dans quelques pays. On sait que la soupe à la tortue (*mock-turtle*) jouit d'une certaine réputation en Angleterre, où les paquebots apportent régulièrement un nombre considérable de ces animaux. Mais, depuis quelques années, le prix des tortues tend sans cesse à s'élever : il est vrai de dire que leur pêche est faite sans discernement et sans frein ; et si on n'y avise dans un temps peu éloigné, les tortues deviendront rares. On assure cependant que dans l'île de l'Ascension on respecte les œufs et l'on protége les jeunes. Dans plusieurs pays il existe des parcs à tortues donnant lieu à un commerce assez considérable. — Indépendamment de sa chair, la tortue fournit au commerce une écaille recherchée par les arts.

Les *Anémones* de mer, qui ne sont autre chose qu'un polype perfectionné et qui ressemblent plus à une fleur qu'à un animal, — d'où est venu leur nom , — sont des animaux charnus, plus ou moins coriaces, présentant un corps en forme de bourse, avec un aplatissement terminal ou disque bordé de tentacules, au milieu duquel est percée la bouche. Les anémones se fixent aux corps (rochers , plantes , etc.), par leur base ou l'aplatissement de la bourse. Elles sont bonnes à manger. — Sur les côtes de Provence on consomme la *Rousse* ainsi que l'*Anthée*.

Les *Holothuries*, nommées vulgairement *Cornichons* de mer, — à cause de leur forme, — sont consommées dans quelques contrées. Les Chinois recherchent surtout une espèce nommée *Trépang*, qui est chez eux l'objet d'un commerce considérable. Des milliers de jonques malaises se livrent tous les ans à la pêche de ce zoophite. Aux îles Marianne on recherche le *Guam* et à Naples la *Tubuleuse*.

Les *Oursins*, ces petits animaux ressemblant à des melons revêtus d'une tunique calcaire, renferment quelques espèces qui sont comestibles et que, dans beaucoup de pays, on consomme crues. — En Provence, on estime beaucoup le *Comestible*, le *Granuleux* et le *Livide*. Cette dernière espèce est aussi recherchée sur les côtes de Naples et de la Manche. En Corse et en Algérie on consomme l'*Oursin-Melon*.

Quelles sont les espèces nouvelles qu'il serait possible d'acclimater sur les côtes de France, et de domestiquer ?

Nous savons déjà combien est restreinte la richesse ichtyologique de la France, si on la compare à celle de quelques autres contrées. Tandis que les productions animales des eaux douces et salées constituent ailleurs le fond de la nourriture du peuple, elles sont, pour la plupart, chez nous, considérées comme objets de luxe. On sait, en effet, à quels prix se vendent sur nos marchés

certains mollusques et poissons , l'huître et le saumon,
par exemple, lorsque dans d'autres contrées leur extrême
bon marché les met à la portée des familles les moins
aisées. — Reconnaissant le besoin d'augmenter cette source
d'alimentation, le gouvernement a favorisé les opérations
de repeuplement des eaux, tant à l'intérieur que sur nos
côtes. — On connaît les travaux entrepris sous la direction du célèbre professeur du collége de France pour la
multiplication des mollusques : travaux qui ont déjà porté
des fruits remarquables.

Malgré ces améliorations, nos côtes sont encore pauvres
en mollusques comestibles. — l'*Huître*, la *Moule,* quelques
Vénus et quelques *Cardiums,* telle est notre richesse coquillère, et encore passablement restreinte pour la quantité, tandis que nous savons avec quelle abondance se
reproduisent sans cesse les gisements d'huîtres et de clams
sur les côtes orientales des États-Unis. Ces mollusques
sont beaucoup plus grands que les nôtres, et fournissent
une quantité de matière alimentaire qui rachète bien leur
infériorité de goût.

Il serait possible d'alimenter quelques-uns de ces mollusques sur les côtes françaises présentant à peu près
les mêmes conditions que celles où ils vivent. La plus
grande difficulté à surmonter paraît être celle qui résulte
de la longueur du voyage ; mais aujourd'hui que les
paquebots transatlantiques font le trajet direct entre les
ports américains et ceux de la France en un court
espace de temps, les inconvénients de la traversée sont

moindres. — Quelles ressources ne pourrions-nous pas tirer des grands mollusques américains, de l'huître surtout qui grandit avec une surprenante rapidité, si nous parvenions à les acclimater et à les multiplier sur nos côtes? — Du reste, il est permis de concevoir, à ce sujet, une légitime espérance. En effet, le SOFT-CLAM (*Mya Arenaria*) est en tout semblable à la mye des sables, qui vit sur les côtes du nord de l'Europe, notamment en Écosse, et qu'on a même trouvée dans le voisinage de Dunkerque. Le ROUND-CLAM (*Venus mercenaria*) est analogue, quant au goût et aux habitudes, à la VÉNUS VERRUCOSA (la praïre des Marseillais), et vit, comme celle-ci, dans les baies peu profondes et abritées, dont il laboure les sables vaseux pour y chercher sa nourriture. — L'acclimatation des huîtres de Virginie et des Clams a déjà été tentée en 1862. — Un officier de la marine impériale, dont j'ai eu occasion de citer le nom, M. de Broca, se trouvant, à cette époque, en mission aux États-Unis, a fait plusieurs envois de ces mollusques, dont les survivants ont été répandus sur nos côtes où ils ont grandi. Mais le nombre n'en était pas assez considérable pour que les résultats de multiplication aient pu être très-sensibles. — Toutefois, ce premier essai démontre suffisamment la possibilité du succès, lorsque l'opération sera entreprise sur une plus vaste échelle.

Les homards américains, semblables aux nôtres quant à l'aspect général, mais beaucoup plus grands, — ils peuvent atteindre le poids de 12 à 15 livres, — pourraient aussi être acclimatés sur les côtes de la Bretagne où ce crustacé se plaît beaucoup.

On pourrait aussi essayer l'acclimatation de quelques espèces de tortues de mer, animaux autrefois si abondants dans certains parages, mais qui deviennent de plus en plus rares, depuis qu'ils sont si recherchés pour leurs qualités comestibles, et si peu protégés dans leur reproduction.

TECHNOLOGIE.

—

PÊCHE.

Une série de questions se rapportant à l'industrie de la pêche maritime, donnerait assurément lieu à des aperçus bien intéressants sur les améliorations dont seraient susceptibles les moyens mis en œuvre. — Malgré l'attrait qu'elles offrent, je dois résister au désir de présenter, à leur sujet, quelques considérations, ne voulant pas trop m'écarter de la limite que je me suis tracée. Cependant je dirai quelques mots à propos d'une question très-importante : celle des Appats.

On sait que les pêcheurs de sardines emploient pour faire lever ce poisson, une assez grande quantité d'un appât particulier, désigné sous le nom de Rogue, matière fabriquée en Danemark, en Norwège et aux États-Unis, avec les œufs de morue et de maquereau. — Le baril de cette rogue se vend de 50 à 55 fr.[1], ce qui constitue un tribut écrasant, payé à l'étranger par nos pêcheurs de sardines. Aussi s'est-on demandé si l'on ne pourrait pas substituer à cette composition une matière beaucoup plus abondante et moins coûteuse. Déjà M. le docteur Balestrier, de Concarneau, a proposé de remplacer la rogue par une pâtée de capelan broyé dont la sardine

[1] Elle a encore augmenté de prix.

paraît très-friande. — Le capelan est un poisson de petite taille, un gade, qui vit en troupes très-abondantes dans les anses de l'Océan septentrional, et qu'on peut se procurer en aussi grande quantité que l'on veut à notre station de Terre-Neuve. Ce petit poisson sert aussi d'appât pour la pêche de la morue. A cet effet, on le conserve en saumure ou à mi-sel, ainsi que je l'ai dit.

La sardine recherche aussi avec avidité la *Chevrette* à l'état d'embryon. Or, la chevrette est très-répandue sur les côtes de France, dans les criques et les embouchures des petites rivières; elle pourrait donc être recueillie en assez grande quantité; aussi a-t-on proposé de la faire servir comme appât, pouvant remplacer la rogue. Cependant il ne semble pas qu'elle soit assez abondante pour suffire à la fois à la consommation et à la fabrication d'un appât qui s'emploie en masses assez considérables. — Toutefois, en favorisant la propagation de la chevrette par une éducation bien entendue, on pourrait en augmenter assez la production pour apporter un soulagement sensible à la charge qui pèse sur nos pêcheurs de sardines.

Il est un autre appât dont on se sert, avec succès, sur les côtes américaines, pour faire lever le maquereau, et qui serait susceptible de rendre des services aux pêcheurs français, par le bas prix des matières qui le composent. Cet appât est un amalgame de mollusques et de poissons, composé de 1/4 de soft-clam (*Mya arenaria*) et de 3/4 d'un petit poisson de la famille des clupes (*Clupea tyrannus*), tellement abondant sur les côtes de la

Nouvelle-Angleterre, qu'il sert à la fabrication des engrais. — Ne pourrait-on pas, avec nos clupes, les harengs détériorés ou non marchands et nos moules ou autres mollusques, essayer de faire, en suivant les proportions indiquées, une composition qui reviendrait à bien meilleur marché que la rogue, et dont la différence bénéficierait aux pêcheurs cotiers. — Ce sont là des essais à tenter, et dont il faut encourager l'application, en même temps qu'il convient de combattre une routine si préjudiciable à nos énergiques populations maritimes.

Quant aux questions réglementaires ou qui pourraient toucher à l'intérêt du fisc, on peut être assuré que, dans tous les cas, le gouvernement les résoudra de façon à seconder le plus énergiquement possible la pêche cotière, pépinière de la marine militaire.

AQUICULTURE.

L'aquiculture (ainsi que l'indique la racine du mot) est l'art de tirer le meilleur parti des produits de tous genres fournis par les eaux, de les augmenter et de les améliorer. — Les produits animaux sont, sans contredit, les plus importants que fournissent les eaux, à tous les points de vue, et l'on comprend que leur culture doive soulever une foule de questions.

Parmi les questions d'aquiculture, il en est plusieurs qui mériteraient d'être examinées en détail et à part. Toutefois, comme je dois me limiter, je ne dirai que quelques mots sur l'ensemble de ces questions.

Des *parcs, réservoirs, viviers, lacs, étangs* et *conserves.* — J'ai déjà donné quelques détails au sujet des réservoirs et des parcs à huîtres et à moules. J'ai aussi indiqué rapidement comment se pratique la culture des *huîtres* à Marennes, et celle des *moules* dans la baie de l'Aiguillon ; je n'ajouterai que quelques mots au sujet des *claires* de Marennes : avant de recevoir les jeunes huîtres, le sol des claires doit être paré ; et voici en quoi consiste cette opération : lorsque la claire a été nivelée, de façon que les vases puissent se déverser du centre dans un fossé de pourtour, et que les digues et les écluses sont consolidées, on laisse entrer l'eau de la mer, en profitant de la première grande marée. L'eau est retenue dans le bassin, où elle séjourne assez longtemps pour que la terre soit pénétrée d'un dépôt salé, qui lui communique les qualités analogues à celles des fonds marins, et qui la débarrasse en même temps de tous les produits nuisibles qu'elle pouvait contenir avant sa submersion. Quand on veut garnir la claire de mollusques, on ouvre l'écluse et le fond s'étanche et se sèche. On l'aplanit ensuite comme une aire, en ayant soin d'enlever toutes les herbes, afin que ce sol, durci par le soleil, présente un glacis sur lequel rien ne puisse s'opposer au développement et à l'acclimatation de l'huître.

La *claire* diffère des parcs et réservoirs établis sur d'autres côtes, en ce que ces derniers sont submergés à chaque marée, tandis que la claire ne l'est qu'aux époques des grandes malines, c'est-à-dire aux nouvelles et aux pleines lunes, lorsque les flots sont poussés plus avant dans les terres que pendant les autres phases. — Une submersion trop fréquente nuirait au but qu'on se propose. — Aussi ces claires, à la différence des autres parcs, ne sont-elles pas établies sur le rivage immédiat de la mer, mais sur les bords de la Seudre.

J'ai déjà dit quelques mots, et, comme en passant, des parcs à *crustacés* et à *tortues*, et j'ai rappelé qu'en Angleterre, où l'on apporte dans les bateaux-viviers, de grandes quantités de langoustes et de homards, il existe des réservoirs à crustacés alimentés par l'eau de la mer, et que l'un de ces réservoirs établi à Hamble, près de Southampton, peut contenir facilement 50,000 homards. J'ai cité, à cette occasion, les réservoirs à crustacés de Concarneau ; enfin, j'ai mentionné l'existence de bassins particuliers où l'on élève les chevrettes. — Je dois ajouter que tous ces bassins sont construits assez près du rivage et dans des conditions telles, que l'eau salée aussi limpide que possible puisse s'y renouveler à volonté, au moyen d'un système de vannage approprié à la destination.

Sur les côtes des États-Unis, où les animaux marins sont si abondants, on a l'habitude de conserver les produits de la pêche dans des bateaux-viviers tant que cette pêche dure au large, et dans des réserves ou caisses flottantes lorsque les bâtiments rentrent au port. Les coffres employés à cet usage, à Fulton-Market, à New-York, mesurent de 3 à 4 mètres de côté, sur 1 mètre de profondeur, et sont munis d'ouvertures suffisantes pour y permettre la circulation de l'eau. Une trappe fermant à cadenas est pratiquée à la partie supérieure. L'on y dépose, pour le compte des marchands de marée, les poissons, les crustacés, les tortues de mer que les bateaux-viviers apportent tous les jours de divers parages. M. de Broca dit avoir vu, au mois d'avril 1862, dans ces réserves, de 50 à 40,000 morues, qu'on prenait l'une après l'autre pour les porter sur les tables du marché, ou pour les expédier toutes fraîches, entourées de glace, aux différentes villes de la contrée. Lorsqu'on veut conserver ces poissons vivants, on leur donne de temps en temps de la chair de clams. — A Londres, on vend aussi beaucoup de morues vivantes, qui sont apportées dans les bateaux-viviers remontant la Tamise, jusqu'au point où la salure des eaux permet de les conserver. Sur la côte d'Écosse on élève et on engraisse les morues avec de la chair de moule.

Les pêcheurs de la côte de Bretagne et du détroit de Bonifacio conservent aussi leurs homards et langoustes dans des caisses flottantes ou dans de grands panniers ; mais ce ne peut être que dans de très-minimes proportions. Quelques pêcheurs ont fait établir aussi des réserves flottantes pour y emmagasiner les poissons ; mais ce n'est encore là que l'exception.

Avantages des réservoirs, améliorations. — Il y aurait un avantage immense pour l'alimentation publique et pour les pêcheurs eux-mêmes, à ce que des réservoirs fussent établis sur tout le littoral, aux endroits les plus convenables. Ces réservoirs devraient avoir pour auxiliaires des bateaux-viviers, dans lesquels les pêcheurs, en mer, verseraient provisoirement les poissons qu'ils veulent conserver vivants. Ces moyens de conservation, mis à la disposition de nos marins, leur permettraient de verser dans la consommation les produits de leur pêche, au fur et à mesure des besoins et des demandes, et les affranchiraient de l'exploitation dont ils sont l'objet de la part des revendeurs. Nos pêcheurs, dans l'état actuel des choses, n'ayant aucun moyen de conserver les produits de leur pêche, sont obligés, lorsqu'ils rentrent au port, de les donner à vil prix à des spéculateurs qui, un instant après, en font doubler et tripler la valeur au marché. Lorsque les pêches sont très-abondantes, il y a encombrement, et souvent même perte du poisson en plus ou moins grande partie, surtout à l'époque des chaleurs ; tandis que, quelques jours après, le même produit manque peut-être complètement. Que de pertes ne subissent pas ainsi chaque année nos pêcheurs, au grand préjudice de la consommation ! — Sur les côtes américaines, où le nombre des réservoirs, des bateaux-viviers et des schooners à vivier et à glacière est si considérable, presque tous les pêcheurs vivent dans l'aisance, tandis que sur nos rivages ils sont comparativement presque tous misérables ; c'est à ce point que sur les côtes de Bretagne la plupart n'ont même pas les engins les plus indispensables à l'exercice de leur profession.

Frappé de ces inconvénients, M. Coste, que nous trouvons partout où il y a un progrès ou un acte de philanthropie à réaliser, a demandé et obtenu la concession de bateaux-viviers pour les pêcheurs de La Rochelle. Il n'y a pas de doute que les bons résultats qui ont été la suite de cette première concession, n'engagent l'État à généraliser sur nos côtes l'établissement de ces bateaux-viviers, qui ne seront eux-mêmes que le premier pas fait pour arriver à l'établissement de grands réservoirs mis à la disposition des marins, dans les centres des pêches maritimes. — Toutefois, il ne faut pas croire que toutes les espèces supportent facilement ce régime de servitude. L'expérience

seule apprendra quelles sont celles qui peuvent y être sou-
mises pendant plus ou moins longtemps. Mais ce que l'on
sait déjà, c'est que le homard, la langouste, la morue, la
sole, le turbot, la raie, la barbue, le congre et quelques
autres s'accommodent parfaitement de ce régime.

Des lacs, étangs, viviers. — On peut élever les poissons
en nombre souvent très-considérable, dans des lacs, des
étangs, des viviers, dont les eaux se renouvellent en plus
ou moins grande quantité. Toutefois, il existe des différences dans les conditions de température et de limpidité de l'eau dont il faut tenir compte, suivant les espèces
qu'on veut y élever. Ainsi, l'anguille, la carpe, la tanche,
le brochet, la perche et autres supportent le régime des
eaux un peu chaudes et manquant de limpidité et de courant ; tandis que d'autres espèces, telles que le saumon,
la truite, l'ombre-chevalier, etc. , et parmi les crustacés
l'écrevisse, préfèrent les eaux fraîches limpides et courantes. Il convient donc, lorsqu'on veut élever des poissons
dans les eaux captives. de tenir compte de ces différences.
— Quant aux poissons et aux crustacés de mer, il convient aussi de bien connaître leurs habitudes et leurs
préférences. Ainsi, la sole, la plie, le muge, le loup, la
dorade, s'accommodent parfaitement des eaux captives
saumâtres, tandis que d'autres, comme la barbue, le
congre, la morue, le turbot, la raie, le homard et les
crustacés marins en général, ne peuvent se conserver et
prospérer que dans des eaux captives franchement salées
et limpides.

Les *plantes aquatiques* jouent un double rôle dans l'éducation des espèces animales, dans les étangs d'eau douce ou d'eau salée. Elles s'assimilent le carbone, en décomposant l'acide carbonique produit par la respiration des animaux, et dégagent l'oxigène indispensable à ces derniers ; de plus, elles servent de berceau à une foule de petits crustacés, mollusques, insectes, etc., qui contribuent à la nourriture des espèces aquatiques. C'est pourquoi il convient de faire croître des plantes flottantes ou plus ou moins submergées, lesquelles peuvent être des joncs, des roseaux, des lentilles d'eau, des volants d'eau, etc., s'il s'agit d'eaux douces, et des fucus et des ulves, s'il s'agit d'eaux salées.

Stabulation. — Quelques espèces d'eau douce et d'eau salée se prêtent assez bien, ainsi que nous le savons, au régime de la stabulation ; mais elles ne peuvent se développer dans les bassins où on les élève, qu'à la condition d'y recevoir une nourriture proportionnée à leur nombre et à leur taille. On pourra bien les conserver pendant assez longtemps dans les réservoirs dont l'eau se renouvellera, par exemple dans les 24 heures, parce qu'elles y trouveront l'oxigène nécessaire au fonctionnement de leurs organes ; mais elles n'y prospèreront pas : en un mot, on les empêchera de mourir, mais on ne les verra pas grossir.

Le nombre des poissons qui peuvent vivre dans une quantité déterminée d'eau courante, 1 mètre cube par exemple, dépend à la fois du temps que l'eau met à se renouveler, de la taille des poissons et de l'espèce. — Ainsi, les anguilles, les carpes et les crustacés, à égalité de nombre et de taille, supportent plus facilement l'entassement que les salmones, truites, ombre-chevaliers, etc. — Prenant pour unité de capacité le mètre cube, et pour période de renouvellement l'espace de 24 heures, je vais essayer d'établir sur cette base quelques chiffres que j'ai pu déduire de mes expériences personnelles.

Lorsque les poissons viennent d'éclore, et je suppose actuellement qu'il s'agit de salmonidés, ces jeunes qui restent, ainsi que nous le savons, pendant un mois ou six semaines dans un état à peu près complet de repos, alourdis par leur énorme vésicule ombilicale, ces jeunes, dis-je, peuvent facilement être introduits au nombre de 100,000 dans un bassin d'un mètre cube, sans aucune crainte d'accident. Mais lorsque la vésicule est sur le point d'être résorbée et qu'ils commencent à se mouvoir, on ne saurait, sans danger, en laisser plus de 50,000. Enfin, lorsqu'ils sont arrivés à l'état d'alevin, si on en laisse plus de 20,000 pendant le premier mois, et plus de 10,000 de un à trois mois, les jeunes salmonidés meurent en assez grand nombre. — Je dois faire remarquer, avant d'aller plus loin, qu'en général on ne fait pas végéter les plantes aquatiques dans les bassins destinés aux jeunes pendant la vésicule ombilicale, afin de pouvoir plus facilement nettoyer ces bassins. — Après l'âge de trois mois, ces poissons ont besoin de plus d'espace, et 5,000 me paraît le chiffre qui peut être fixé approximativement jusqu'à l'âge de six mois. Ce chiffre, à l'âge d'un an, doit être de beaucoup réduit, car les poissons ont de 12 à 15 centimètres, et tout ce qu'on pourrait faire, je crois, ce serait d'en conserver de 2 à 300 par mètre cube. — Ces poissons, de 12 à 15 centimètres, pouvant peser en moyenne 70 grammes chacun, représenteraient par conséquent le poids de 14 à 20 kilog. environ de salmonidés, qu'on pourrait conserver dans 1 mètre cube d'eau fraiche et limpide se renouvelant dans les 24 heures et suffisamment pourvue de nourriture. — Ce chiffre me paraît être le *maximum*. — Quand les poissons sont arrivés à une plus grande taille, et qu'ils ont acquis un poids de 500 à 600 grammes, vers l'âge de deux ans, on comprend que le nombre doit être extrêmement réduit, jusqu'à ce qu'enfin les poissons grossissant toujours, le mètre cube tout entier sera à peine suffisant pour un seul sujet.

L'exemple que je viens de prendre dans la famille des salmonidés suffit, ce me semble ; car, pour les autres espèces, il n'y aura qu'à comparer la croissance avec celle des salmonidés, durant la même période, et à augmenter ou à diminuer le nombre proportionnellement.

J'ai fait observer un peu plus haut que, dans les manipulations piscicoles, on n'introduit pas les plantes aquatiques dans les bassins destinés aux jeunes nouvellement éclos, afin de pouvoir plus facilement y entretenir une extrême propreté ; mais, lorsqu'il s'agit d'élever et de conserver ces jeunes devenus alevins, on doit rentrer dans l'imitation de la nature et introduire une végétation qui débarrassera l'eau d'un excès d'acide carbonique, qui deviendrait nuisible si le renouvellement de l'eau était peu considérable.

Des Échelles. — Quelles sont les rivières où il en existe déjà, et celles où l'on pourrait et où l'on devrait en établir ?

Quelques poissons sont éminemment voyageurs ; leur vie n'est qu'une série de pérégrinations. Parmi ces poissons, le saumon est celui dont les habitudes de retour sont les plus intéressantes à étudier. Il vit sur les côtes de la mer, à une distance plus ou moins grande du rivage ; mais lorsqu'il est devenu adulte, ainsi que nous le savons, il remonte dans les cours d'eau, à la recherche d'un endroit convenable où il puisse à son tour déposer sa progéniture. Il fait alors des efforts souvent prodigieux pour franchir les obstacles qui se trouvent sur sa route, mais quelquefois c'est envain qu'il y épuise ses forces. Aussi, pour faciliter le retour du saumon, a-t-on eu l'idée d'établir dans les rivières, aux endroits infranchissables ou très-difficiles à franchir, des passages connus sous le nom d'*Échelles à saumon*. — Ces engins ne sont en définitive que la substitution d'une série de petites chutes à une chute unique. Du reste, on comprend qu'il est certaines conditions d'établissements qui doivent être observées, sous peine de rendre l'engin inutile, et que d'ailleurs la forme peut varier suivant la configuration des lieux. — Je n'entrerai dans aucun détail à ce sujet.

C'est surtout dans le royaume-uni d'Angleterre, d'Écosse et d'Irlande que les échelles ont été appliquées avec succès aux obstacles artificiels ou naturels. — Lorsque M. l'inspecteur-général Coumes a fait, en 1862, — époque où il était encore chargé de la direction de l'établissement d'Huningue, — son voyage d'exploration dans la Grande-Bretagne, il a trouvé trois échelles établies au sud de l'Écosse : l'une à *Donne*, comté de Perth, sur le *Teith ;* une autre à *Blanthyre*, sur la *Clyde ;* et une troisième à *Selkirk*, sur le *Yarrow*. Mais depuis cette époque le nombre de ces engins s'est augmenté, en vertu des dispositions de la loi du 7 août 1862, qui donne aux commissaires-inspecteurs, en Écosse, le pouvoir de faire des règlements généraux sur plusieurs sujets concernant la pêche, parmi lesquels se trouve l'établissement de passages dans les barrages. En Irlande, le nombre de ces escaliers à poissons est plus considérable, grâce aux dispositions de sa législation spéciale qui, à dater du 10 août 1842, a investi les commissaires des travaux publics du pouvoir de faire établir ces sortes d'ouvrages, lorsque l'intérêt des pêcheries les réclame. — Les principales échelles établies en Irlande sont : celle de *Collooney*, sur l'*Owenmore*, qui rachète une chute naturelle de 5 m. 50 c. — L'échelle supérieure de *Ballysadare*, établie à la première cataracte de la rivière de Ballysadare, formée par la réunion de l'Arrow et de l'Owenmore ; elle rachète une chute de 4 m. 20 c.. — L'échelle *inférieure* de Ballysadare, qui rachète une chute de 9 mètres. — L'échelle de *Galway*, sur la rivière *Corrib*, reliant le lac Corrib à la baie de Galway. Il y a de ces passages sur plusieurs rivières du Yorkshire.

— En Amérique, on a suivi l'exemple donné par l'Angleterre.

En France, il n'y a qu'un très-petit nombre d'échelles établies d'une manière stable et solide sur nos cours d'eau. Je peux citer celles de Mauzac, sur la Dordogne, et de Châtellerault, sur la Vienne. Il en existe aussi sur la Moselle et sur le Blavet. — Sur le Tarn, M. l'ingénieur en chef de Geoffroy avait commencé l'essai de passages en forme d'échelles construits en bois ; mais cet essai n'a pas été poursuivi, par suite de la mise à la retraite de l'ingénieur qui l'avait entrepris.

En France, on pourrait et l'on devrait établir des échelles dans toutes les rivières où les poissons voyageurs ont ou avaient l'habitude de remonter. Il est certain que depuis la construction des écluses à portes ou à poutrelles, ces poissons ont perdu l'habitude de revenir dans certains cours d'eau où ils étaient communs autrefois. L'impossibilité où ils se sont trouvés de franchir des barrages, qui ne leur laissent plus aucun passage, est la seule et vraie cause de cette disparition. — Aujourd'hui que la pisciculture s'efforce de repeupler les cours d'eau, l'établissement des échelles doit être la conséquence nécessaire de ces efforts. — A ce sujet, qu'il me soit permis de rappeler ce que j'ai constaté dans mes rapports imprimés : c'est que, depuis que je me livre aux opérations de repeuplement, j'ai introduit dans la Garonne, dans le Tarn, dans l'Aveyron et dans leurs affluents, un grand nombre de salmonidés, saumoneaux ou truiteaux, suivant le point

plus ou moins élevé de ces cours d'eau. Les truites sont
restées dans leurs pays montagneux, et les saumoneaux
sont descendus à la mer, suivant leur habitude ; toutefois
un certain nombre de ces derniers est revenu se faire
pêcher, et leur poids de 2 à 4 kilog. indiquait assez qu'ils
en étaient à leurs premiers voyages ; mais ces captures
ne se sont produites, au moins en certain nombre, que
dans la Garonne et jusqu'au premier barrage d'Agen.
Au-dessus de ce barrage, on n'en pêche que très-peu ; et,
dans tous les cas, aucun de ces poissons n'a pu remonter
dans le Tarn ni dans l'Aveyron ; car s'ils ont essayé leurs
forces au pied du premier barrage, ils ont dû bientôt
reculer devant un plan vertical ; et si par hasard ils avaient
pu parvenir, à la faveur d'une crue de la Garonne, à
franchir ce premier barrage, ils en auraient trouvé un
second, puis un troisième, beaucoup plus impraticables
encore. Si des échelles étaient appliquées à ces barrages,
il est certain que les jeunes saumons qui auraient passé
les premiers temps de leur vie dans la partie supérieure
de la Garonne, dans l'Aveyron et dans le Tarn, y revien-
draient au moins en partie. Et ce qui me confirme dans
cette opinion, c'est le souvenir des nombreuses montées
de saumons dans une partie du Tarn et de l'Aveyron, à
l'époque où les barrages de ces cours d'eau étaient munis
de pertuis nommés *Passe-Lis,* et que la digue d'Agen
n'existait pas.

Ce que je dis pour la Garonne, le Tarn et pour
l'Aveyron pourrait s'appliquer au Lot, à l'Adour, au

Gave de Pau, etc., en un mot à tous les cours d'eau pouvant être fréquentés par les poissons voyageurs, mais qui aujourd'hui sont barrés par des digues plus ou moins infranchissables.

L'établissement des échelles est la meilleure opération d'aquiculture qu'on puisse pratiquer. Car les femelles, ayant ainsi la possibilité de remonter jusque dans la partie supérieure des cours d'eau, sèment elles-mêmes, chacune sur le lit de ponte qui lui convient, la génération qui, devenue à son tour adulte et animée du même esprit de retour, ne manquera pas de revenir, au moins en partie, dans des parages qui lui auront servi de berceau.

Une foule de considérations tirées de l'intérêt du fisc, des avantages qui en résulteraient pour le comfort, pour l'alimentation publique et autres, militent en faveur de l'établissement des échelles à poisson. D'ailleurs, l'exemple des effets produits en Écosse et en Irlande n'est-il pas là pour nous pousser à l'imitation?

ÉCONOMIE AQUICOLE ET SOCIALE.

EAUX DOUCES.

Ainsi que je l'ai dit dès le commencement de ce travail, je me suis spécialement occupé des questions qui intéressent la culture des eaux douces ; aussi me permettrai-je d'entrer dans des considérations un peu plus étendues à l'égard des questions économiques qui les concernent, ayant l'intention de me borner à quelques observations sommaires au sujet des eaux salées.

Quels seraient les avantages et les inconvénients de la substitution d'un règlement général aux règlements locaux?

D'après les articles 5, 6 et 7 de l'ordonnance royale du 15 novembre 1830, portant exécution des dispositions de la loi du 15 avril 1829 sur la pêche fluviale, le Préfet, dans chaque département, détermine, sur l'avis du Conseil général et après avoir consulté les agents forestiers, — ou plutôt des ponts-et-chaussées, — les temps, saisons et heures pendant lesquels la pêche est interdite, les filets, engins, procédés et modes de pêche qui doivent être prohibés comme nuisibles, et autres. — L'ordonnance reconnaît, en un mot, la compétence locale du préfet. —

La nouvelle loi du 51 mai 1865[1] retire aux préfets leur compétence en matière de réglementation, pour en faire l'objet de décrets s'appliquant d'une manière générale et uniforme à toute la France. C'est, en un mot, la substitution d'un règlement général aux règlements locaux.

[1] Loi relative à la pêche (51 mai 1865).

Art. 1er. Des décrets rendus en Conseil d'État, après avis des conseils généraux du département, détermineront :

1° Les parties des fleuves, rivières, canaux et cours d'eau réservées pour la reproduction, et dans lesquelles la pêche des diverses espèces de poissons sera absolument interdite pendant l'année entière ;

2° Les parties des fleuves, rivières, canaux et cours d'eau dans les barrages desquelles il pourra être établi, après enquête, un passage appelé *échelle*, destiné à assurer la libre circulation du poisson.

Art. 2. L'interdiction de la pêche pendant l'année entière ne pourra être prononcée pour une période de plus de cinq ans. Cette interdiction pourra être renouvelée.

Art. 3. Les indemnités auxquelles auront droit les propriétaires riverains qui seront privés du droit de pêche, par application de l'article précédent, seront réglées par le conseil de préfecture, après expertise, conformément à la loi du 16 septembre 1807.

Les indemnités auxquelles pourra donner lieu l'établissement d'échelles dans les barrages existants seront réglées dans les mêmes formes.

Art. 4. A partir du 1er janvier 1866, des décrets rendus sur la proposition des ministres de la marine et de l'agriculture, du commerce et des travaux publics, régleront d'une manière uniforme, pour la pêche fluviale et pour la pêche maritime dans les fleuves, rivières, canaux affluant à la mer :

La réglementation locale de l'ancienne loi avait l'avantage de pouvoir tenir compte des circonstances particulières à chaque zone, à chaque département, ainsi que des habitudes propres à chaque espèce ; habitudes qui varient, comme on sait, suivant la latitude — En ce qui

1° Les époques pendant lesquelles la pêche des diverses espèces de poissons sera interdite :

2° Les dimensions au-dessous desquelles certaines espèces ne pourront être pêchées.

Art. 5. Dans chaque département, il est interdit de mettre en vente, de vendre, d'acheter, de transporter, de colporter, d'exporter et d'importer les diverses espèces de poissons, pendant le temps où la pêche en est interdite, en exécution de l'article 26 de la loi du 15 avril 1829.

Cette disposition n'est pas applicable aux poissons provenant des étangs ou réservoirs définis en l'article 30 de la loi précitée.

Art. 6. L'administration pourra donner l'autorisation de prendre et de transporter, pendant le temps de la prohibition, le poisson destiné à la reproduction.

Art. 7. L'infraction aux dispositions de l'article 1er et du premier paragraphe de l'article 5 de la présente loi sera punie des peines portées par l'article 27 de la loi du 15 avril 1829, et, en outre, le poisson sera saisi et vendu sans délai. dans les formes prescrites par l'article 42 de ladite loi.

L'amende sera double et les délinquants pourront être condamnés à un emprisonnement de dix jours à un mois :

1° Dans les cas prévus par les articles 69 et 70 de la loi du 15 avril 1829 :

2° Lorsqu'il sera constaté que le poisson a été enivré ou empoisonné :

touche l'époque du frai, par exemple, on sait que certaines espèces pondent à des époques bien différentes, suivant qu'elles habitent le Nord ou le Midi : ainsi la carpe, le plus répandu des cyprins, fraie dans les eaux chaudes du midi de la France vers le mois de mai ou le commen-

3° Lorsque le transport aura lieu par bateaux, voitures ou bêtes de somme.

La recherche du poisson pourra être faite, en temps prohibé, à domicile, chez les aubergistes, chez les marchands de denrées comestibles et dans les lieux ouverts au public.

Art. 8. Les dispositions relatives à la pêche et au transport des poissons s'appliquent au frai de poisson et à l'alevin.

Art. 9. L'article 32 de la loi du 15 avril 1829 est abrogé en ce qui concerne la marque ou le plombage des filets.

Des décrets détermineront le mode de vérification de la dimension des mailles des filets autorisés pour la pêche de chaque espèce de poisson, en exécution de l'article 26 de la loi du 15 avril 1829.

Art. 10. Les infractions concernant la pêche, la vente, l'achat, le transport, le colportage, l'exportation, l'importation du poisson, seront recherchées et constatées par les agents des douanes, les employés des contributions indirectes et des octrois, ainsi que par les autres agents autorisés par la loi du 15 avril 1829 et par le décret du 9 janvier 1852.

Des décrets détermineront la gratification qui sera accordée aux rédacteurs des procès-verbaux ayant pour objet de constater les délits. Cette gratification sera prélevée sur le produit des amendes.

Art. 11. La poursuite des délits et contraventions et l'exécution des jugements pour infractions à la présente loi auront lieu conformément à la loi du 15 avril 1829 et au décret du 9 janvier 1852.

Art. 12. Les dispositions législatives antérieures sont abrogées en ce qu'elles peuvent avoir de contraire à la présente loi.

cement de juin, tandis que, dans le nord, sa ponte n'a lieu d'ordinaire que dans le mois de juillet, quelquefois vers la fin. — Or, la réglementation locale peut tenir compte de ces circonstances climatériques et protéger plus efficacement la ponte des diverses espèces qu'une réglementation générale et uniforme qui, afin de n'être pas trop vexatoire pour certaines régions, ne devra tenir compte que des moyennes des époques. Sous ce rapport, la compétence des préfets paraît plus sûrement atteindre le but.

Il en est de même à l'égard de la détermination des engins et filets. Dans certains cours d'eau, en effet, habités à la fois par des poissons de grande espèce, tels que le barbeau, le brochet, la carpe, la brême, la tanche, la perche, etc., et par des poissons de petite espèce, tels que les meuniers, le goujon, le vairon, le gardon, la vandoise, l'ablette, la loche, etc., l'industrie de la pêche deviendrait impraticable si elle ne pouvait s'exercer qu'au moyen de filets d'une seule catégorie et d'une seule dimension de maille. Aussi les arrêtes préfectoraux, par application des articles 1 et 2 de l'ordonnance royale du 15 novembre 1830, avaient-ils adopté une division des filets, suivant la dimension de la maille, en deux catégories : 1° les filets et engins, nasses, etc., destinés à la pêche des poissons de grande espèce, ayant 30 millimètres d'écartement des mailles, et 2° ceux qui sont destinés à la pêche des poissons de petite espèce, à maille de 15 millimètres ; pour les tout petits poissons, l'usage des nasses en jonc, quel que fût l'écartement des verges, était même permis. — Ces distinctions, peut-être peu utiles pour les parties des cours d'eau habités uniquement par les poissons de grande espèce, sont indispensables, au contraire, pour certains cours d'eau où le poisson blanc ou de petite espèce abonde ; — et un certain nombre de rivières se trouvent dans ce cas. — Or, l'autorité locale paraît seule bien apte à pouvoir tenir compte de ces diverses circonstances, qu'un décret uniforme peut sacrifier à la mesure générale. — La nouvelle loi, article 9, en se reportant à l'article 26 de la loi du 15 avril 1829 admet, il est vrai, implicitement les diverses catégories dont je viens de parler ; mais il est à craindre, je le répète, que dans l'application un décret général ne puisse concilier à la fois l'uniformité de réglementation avec les intérêts d'une classe assez nombreuse d'industriels.

La montée des poissons de mer migrateurs s'opérant pour quelques-uns à l'époque du frai des autres espèces, nécessite, dans l'intérêt de l'alimentation publique, des exceptions à la prohibition générale de pêcher, qui doivent nécessairement varier suivant les localités, et qu'un règlement local paraît aussi pouvoir mieux déterminer qu'une réglementation générale.

Si, sous ces divers rapports, les règlements locaux paraissent préférables à un règlement uniforme et général, d'un autre côté la réglementation générale offre des moyens plus efficaces de répression. — Si le temps de frai, par exemple, est réglé d'une manière générale, la fraude qui introduit du poisson d'un département dans l'autre, à la faveur de la différence de durée des temps prohibés, pourra être plus facilement réprimée.

Peut-être pourrait-on concilier tous les intérêts, en créant des zones correspondantes aux grands bassins fluviaux de la France. On rentrerait ainsi beaucoup plus dans la nature même des choses, tout en conservant des moyens encore très-efficaces de répression.

A quels agents confier la pêche, surtout dans les petits cours d'eau, et quelle organisation pourraient-ils recevoir pour réprimer efficacement les abus ?

Cette question a une grande importance : quelque bonne, en effet, que soit une loi, le bien qu'elle produit est toujours proportionné à son mode d'application ; et l'application bonne ou mauvaise dépend elle-même de l'organisation du service et de la nature des fonctions des agents qui en sont chargés.

Si la surveillance de la pêche n'est qu'un accessoire des fonctions des agents, elle court le risque d'être négligée pour un autre service. — Sur les grands cours d'eau, des agents spéciaux, désignés sous le nom de garde-pêche ou garde-rivière, devraient avoir pour fonction unique de faire appliquer les lois et règlements et de constater les délits. De plus, en temps prohibé, ils devraient avoir temporairement pour auxiliaires, agissant sous leurs ordres et sous leur responsabilité, des sous-agents parcourant sans cesse les cours d'eau, soit en batelet pour s'assurer que des engins n'ont pas été nuitamment placés, soit à pied sur les berges pour constater les délits qui pourraient être commis.

Quant aux petits cours d'eau ou ruisseaux, afin de rendre à leur égard la surveillance plus efficace, on devrait former des arrondissements d'une étendue variant suivant l'importance et le nombre des petits cours d'eau qui les parcourent, et placer chacun de ces arrondissements sous la surveillance d'un garde-pêche spécial, qui pourrait, surtout en temps de frai, recourir à l'assistance des gardes-champêtres, dans toute l'étendue de la commune de chacun de ceux-ci.

Dans tous les cas, les garde-pêche pourraient à tout instant requérir la gendarmerie, s'ils avaient lieu de craindre une résistance quelconque de la part des délinquants ; — mais, en dehors de ces cas de réquisition, la gendarmerie ne me semble pas devoir être employée.

Si, à cette organisation d'agents spéciaux ayant une responsabilité spéciale, l'on ajoute l'attribution, à leur profit, d'une bonne portion des amendes prononcées, afin d'activer encore leur zèle, l'on aura réuni les deux grands mobiles de l'activité humaine : le devoir et l'intérêt.

Quelles sont les causes principales du dépeuplement des cours d'eau?

Le dépeuplement des cours d'eau tient à une multitude de causes qui, toutes, peuvent se résumer en celle-ci : les soins donnés à la production du poisson ne sont pas proportionnés à l'avidité avec laquelle les besoins de la consommation le font rechercher par les pêcheurs. Parmi les causes principales on peut citer :

1° L'inobservation des règlements sur la police de la pêche ; inobservation qui, sur certains cours d'eau, a causé la destruction d'une partie des jeunes générations qui devaient assurer les richesses futures ; soit qu'elles aient été détruites, au moment du frai, par le bouleversement des frayères, soit que les alevins aient été pêchés au moyen de filets prohibés.

2° L'établissement de barrages nouveaux à écluse et sans passages et la suppression, dans les anciens barrages, des pertuis qui, jusque-là, avaient permis au poisson de circuler librement et de choisir dans les divers biefs du cours d'eau ses lits de ponte les plus convenables. La suppression de ces pertuis, non-seulement nuit à la reproduction des poissons d'eau douce, mais a surtout privé tout d'un coup certaines localités des ressources que leur procurait la montée des poissons de mer, tels que : le saumon, l'alose et la lamproie.

3° Le rouissage du chanvre et du lin dans les cours d'eau à débit peu considérable et l'intoxication du poisson dans les ruisseaux au moyen de matières enivrantes. — Dans cet ordre de causes de destruction rentre aussi le mélange malsain des résidus de certaines industries avec les eaux courantes, question qui touche à la fois à l'hygiène et à l'alimentation publiques.

4° Il est une cause qui rentre, il est vrai, dans la première : l'inobservation des règlements, — mais qui doit être signalée d'une façon spéciale : c'est le barandage, manœuvre éminemment destructive qui se pratique quand les petits cours d'eau sont presque desséchés par les fortes chaleurs. Elle consiste à élever de petites digues de gravier, de vase, de sable, etc., et à former des enceintes autour des trous, dans lesquels les poissons restent prisonniers ; on étanche ensuite à la pelle, ou bien on passe un filet à maille très-serrée, et tout le poisson, gros et petit, est pris ou périt jusqu'au dernier. Ce vandalisme ne peut se pratiquer, il est vrai, que dans les cours d'eau d'un très-faible débit ; mais il ne faut pas oublier que bon nombre d'espèces d'eaux douces recherchent précisément ces ruisseaux pour frayer, et que leurs alevins y passent une partie de leur jeunesse. Les jeunes anguilles remontent surtout dans quelques-uns d'entre eux en quantités innombrables ; — et s'il est vrai de dire que les ruisseaux font les grandes rivières, c'est surtout en matière de reproduction des poissons.

Si à ces causes, qu'on peut appeler ordinaires, on en ajoute encore quelques autres plus accidentelles, telles que : le curage des canaux, ruisseaux ou partie de cours d'eau ; le faucardement des herbes, pratiqué dans une saison inopportune et sans mesures conservatoires ; enfin, l'influence fâcheuse de la navigation à vapeur dans les grands cours d'eau, l'on aura l'ensemble à peu près complet des causes principales du dépeuplement des cours d'eau.

*Quels seraient les meilleurs moyens à employer pour
favoriser la reproduction du poisson?*

Nous venons de voir quelles sont les causes du dépeuplement des cours d'eau. La meilleure mesure à prendre,
dans l'intérêt de la reproduction du poisson, consisterait
tout naturellement dans la suppression de ces causes. La
cause du mal supprimée, la nature se chargera de réparer
les pertes ; mais on peut aussi lui venir en aide par des
moyens artificiels, tels que : 1° l'établissement de frayères
dans les parties de cours d'eau où les espèces ont l'habitude de se réunir pour déposer leurs œufs ; frayères qui
devront être surveillées contre le maraudage avec une
sollicitude constante ; 2° l'établissement sur les bords des
rivières de bassins destinés à élever, en grandes quantités,
les espèces précieuses, qui tendent à disparaître ou à diminuer pour des causes multiples. Ce moyen est du ressort
de la pisciculture, l'un des plus précieux auxiliaires dont
puisse se servir l'administration pour le repeuplement des
cours d'eau. Ces procédés ont, du reste, déjà fait leurs
preuves, et il suffit de les mentionner.

On pourrait aussi, pour augmenter le nombre des
espèces comestibles existant dans nos contrées, profiter
des expériences déjà faites, et essayer d'introduire et d'acclimater dans nos eaux, des poissons précieux par leur
taille et les qualités comestibles de leur chair. J'en citerai
quelques-uns, à propos desquels je rappellerai en quelques mots ce que j'ai déjà indiqué plus haut, les habitudes

générales de l'espèce. Je mentionne d'abord le *Saumon heuch*, habitant le Danube et ses affluents, qui fraie en mai et juin, et dont la chair fine et blanche est excellente. Il atteint une taille gigantesque et un poids qui peut arriver jusqu'à 100 kilogrammes. On comprend, d'après cela, de quelle ressource il doit être pour les contrées où il abonde, comme en Bavière. Ce poisson n'abandonne jamais les eaux douces, et en Allemagne il prospère dans les mêmes lacs que le brochet et la carpe. — Le heuch semblerait donc pouvoir s'accommoder du régime de nos grands fleuves de France. Malgré la difficulté qu'il y a à faire voyager les œufs de cette espèce, à une époque où la chaleur commence à être assez vive, il vaudrait cependant la peine de tenter l'expérience sur une assez grande échelle. Il faudrait faire venir en plusieurs envois, afin de diviser les chances, quelques millions d'œufs de ce poisson, et les faire éclore aussi près que possible des cours d'eau où l'on voudrait introduire les alevins. — Au mois de mai 1865, j'ai eu le bonheur de pouvoir élever quelques jeunes heuchs, provenant des œufs sauvés dans l'envoi qui m'avait été fait par l'établissement de Huningue, et dont le plus grand nombre, ainsi que je l'ai déjà dit, étaient avariés.

On pourrait aussi essayer d'introduire, dans nos étangs du centre de la France et dans nos tourbières du Nord, l'un des plus grands poissons d'eau douce, le Silure (*Silurus glanis*), qui atteint quelquefois 1 m. 50 c. à 2 mètres de long, et qu'on trouve dans le Danube et dans les lacs de la Bavière, de la Hongrie et de la Suisse.

Le Salvelin (*Salmo salvelinus*), l'un des meilleurs salmonidés, qu'on trouve dans les lacs des montagnes s'étendant depuis Salzbourg jusqu'en Bavière, pourrait aussi, ce semble, être introduit dans nos eaux froides, comme on y a introduit l'ombre-chevalier. Le salvelin fraie en décembre; il n'atteint pas une très-grande taille, mais sa chair est très-recherchée.

Le Sandre (*Lucio perca sandra*), qui habite les eaux vives et profondes de l'Allemagne et pond en mai, serait une précieuse acquisition pour nos eaux, à cause du poids qu'il atteint, — 15 kilogrammes, — et de l'excellence de sa chair blanche.

Enfin, si un jour l'on parvient à acclimater en Europe le fameux Gouramy chinois, ce sera l'une des plus grandes conquêtes qu'ait faites l'alimentation.

Quels sont les résultats que donne le fermage des canaux et le moyen d'améliorer leurs revenus?

Nos magnifiques canaux français sont à peu près abandonnés par la navigation, qui se déclare impuissante à soutenir la concurrence que lui font les transports rapides par les voies ferrées; aussi ces voies navigables ne produisent-elles plus que des revenus insignifiants. Mais si, au point de vue de la navigation, les canaux ont perdu leur importance, il n'en est pas de même au point de vue des services qu'ils peuvent rendre à l'agriculture par les irrigations, et à l'alimentation par leurs produits aquatiques. Sous ce dernier rapport, — et c'est celui que nous avons actuellement en vue, — on n'a tiré des canaux, au moins jusqu'à ce jour, que de faibles ressources, comparativement à celles qu'un bon aménagement pourrait leur faire produire. La pêche incessante, pratiquée dans ces eaux captives sans aucune surveillance, tend à les dépeupler ; aussi le prix des fermages est-il insignifiant, lorsqu'il devrait constituer pour les compagnies un revenu considérable. Certaines espèces, en effet, croissent et se reproduisent dans les canaux avec une extrême rapidité, telles sont : la carpe, la tanche, la perche, le gardon et autres. L'anguille, sans s'y reproduire, y devient énorme, car elle y trouve en abondance les petits poissons, les crustacés, les vers, les mollusques, les larves de grenouille, de salamandre, etc. ; en un mot, la nourriture qui lui convient. Tous les canaux pourraient être facilement peuplés d'anguilles, en profitant de la montée de ces jeunes animaux dans les embouchures des fleuves au printemps. Or, il n'y aurait qu'à accorder à ces espèces une certaine protection pendant leur jeunesse, pour arriver bientôt à une augmentation très-sensible de leur nombre et, par suite, à un accroissement des revenus que leur pêche doit produire.

Une mesure qui pourrait être très-efficace pour favoriser l'accroissement et le développement de ces populations aquatiques dans les canaux, consisterait à réserver quelques biefs, convenablement espacés, qui seraient uniquement consacrés pendant un certain temps à la reproduction, et serviraient, pour ainsi dire, de pépinière aux autres biefs. — Le rôle des biefs pourrait être ainsi alterné. Par exemple : quatre ou cinq années pour la pêche et deux ou trois pour la reproduction. — Du reste, cette réserve ne devrait s'appliquer qu'à ceux qui peuvent être sévèrement surveillés ; car sans cela le maraudage y trouverait une ressource on ne peut plus commode.

En employant ces procédés, les compagnies verraient bientôt s'augmenter les produits du fermage de leurs canaux, lesquels, ajoutés au prix des concessions de prise d'eau pour irrigations ou pour usines, finiraient par constituer un certain revenu.

Quels sont les avantages et les inconvénients de la nouvelle loi ?

D'après la nouvelle loi du 31 mai 1865, des décrets généraux [1] doivent régler à l'avenir d'une manière uni-

---

[1] **Décret impérial portant règlement sur la pêche fluviale.**
(25 janvier 1868.)

Napoléon, etc. ; — Sur le rapport de notre ministre de l'agriculture, du commerce et des travaux publics [1] ; — Vu la loi du 15 avril 1829 ; — Vu la loi du 31 mai 1865 ; — La section de l'agriculture, du commerce, des travaux publics et des beaux-arts de

---

[1] Ce rapport est ainsi conçu :

« Sire, je viens soumettre à l'approbation de Votre Majesté un décret portant règlement sur la pêche dans les cours d'eau de l'Empire. Il me paraît nécessaire, dans une matière qui intéresse à un haut degré l'alimentation publique, de placer sous les yeux de l'Empereur les divers éléments d'instruction qui ont servi à la préparation de ce règlement et les considérations principales qui en

forme la mise à exécution de cette loi. J'ai déjà dit quels

notre Conseil d'État entendue ; — Avons décrété et décrétons ce qui suit :

Art 1er. Les époques pendant les quelles la pêche est interdite,

expliquent les dispositions et permettent d'en apprécier le but et la portée. — La loi du 31 mai 1865 a introduit quatre dispositions nouvelles très-importantes dans la législation relative à la pêche fluviale. Ces dispositions concernent : la création de réserves pour la reproduction des espèces, l'établissement d'échelles dans les barrages, afin de faciliter la remonte des poissons voyageurs, la fixation d'une manière uniforme des époques d'interdiction de la pêche dans les parties fluviales et maritimes des fleuves qui aboutissent à la mer ; l'interdiction de la vente, du colportage, de l'importation et l'exportation des différentes espèces pendant les périodes d'interdiction de la pêche. — Les prescriptions de cette loi ont dès à présent reçu en partie leur exécution. Des études ont été faites pour déterminer l'emplacement des réserves ; un décret vient d'être rendu pour la fixation de ces réserves dans les cours d'eau du domaine public du bassin de la Seine ; d'autres décrets interviendront successivement pour les bassins de la Loire, de la Garonne et du Rhône. — Des échelles ont déjà été construites dans plusieurs des barrages existants sur différentes rivières : je citerai notamment la Moselle, la Dordogne, la Vienne, le Blavet. Il en sera établi un certain nombre d'autres aux emplacements désignés par les conseils généraux et les ingénieurs, au fur et à mesure que les crédits affectés au service de la pêche le permettront. Enfin, trois décrets des 19, 26 octobre 1865 et 7 février 1866 ont réglé d'une manière uniforme pour toutes les rivières de l'Empire, dans les parties fluviales comme dans les parties maritimes, l'époque de l'interdiction de la pêche du saumon et de la truite. Cette époque a été fixée du 20 octobre au 31 janvier.

« Là ne devait pas se borner l'action de l'administration. — La loi de 1865 a maintenu en vigueur les dispositions de celle du 15 avril 1829, concernant la police de la pêche ; l'article 26 de cette loi dispose que des ordonnances royales détermineront les périodes d'interdiction de la pêche, les procédés, modes de pêche, filets et engins autorisés, les dimensions au-dessus desquelles les poissons ne peuvent être pêchés, les espèces avec lesquelles il est défendu d'appâter les instruments de pêche. — Une ordonnance royale du 15 novembre 1830, rendue en exécution de cet article de la loi, a énuméré les filets

me paraissent être les avantages de cette réglementation

en vue de protéger la reproduction du poisson, sont fixées comme
il suit :

1° Du 20 octobre au 31 janvier, est interdite la pêche du saumon,
de la truite et de l'ombre chevalier ;

et engins dont l'emploi serait interdit d'une manière absolue, et a délégué aux
préfets le soin de régler, sur l'avis des conseils généraux et sauf approbation
par ordonnance royale, l'exécution des autres prescriptions de l'article pré-
cité. — Des règlements distincts sont ainsi intervenus dans chaque département ; il en est résulté une grande diversité, tant dans les époques d'interdiction de la pêche des nombreuses espèces qui fréquentent nos rivières, que
dans les procédés, modes, filets ou engins de pêche autorisés ou prohibés. Ces
dispositions contradictoires ont eu le grave inconvénient de faciliter la fraude
en rendant souvent illusoire la répression des contraventions.

« Il a semblé utile de mettre un terme à cette situation, en adoptant un
même règlement pour tous les cours d'eau de l'Empire, sauf quelques dispositions spéciales à certaines localités. — L'uniformité dans les prescriptions
concernant la largeur des mailles des filets, les engins et modes de pêche autorisés ou prohibés et les dimensions au-dessous desquelles tel ou tel poisson
serait rejeté à l'eau, ne pouvait soulever d'objections sérieuses ; l'application
d'une semblable mesure ne devait appeler la discussion qu'en ce qui touche
les époques d'interdiction de la pêche des différentes espèces. L'uniformité ne
s'harmonise pas, en effet, complètement avec les lois naturelles de la reproduction ; ces lois varient selon les climats et les espèces ; cependant il a paru
que, pour tous les poissons habitant les eaux douces de notre territoire, on
pouvait admettre un classement correspondant à deux périodes distinctes de
ponte, celle d'hiver pour les salmonidés, et celle d'été pour les autres espèces ;
puis déterminer dans chacune de ces périodes un intervalle moyen entre les
saisons extrêmes du frai, de manière à protéger suffisamment les espèces les
plus hâtives comme les plus tardives.

« Un projet de règlement général, préparé d'après ces bases, a été transmis
aux préfets, au mois d'août 1865, par mon prédécesseur, pour être commu-
niqué aux conseils généraux. Le peu de temps qui s'était écoulé entre l'envoi
de ce règlement et le moment de la session, n'a pas permis à tous ces conseils
d'émettre un avis motivé. L'examen du projet a dû être repris à la session de

générale, au point de vue de la facilité de répression des

2o Du 15 avril au 15 juin, est interdite la pêche de tous les autres poissons et de l'écrevisse.

Est comprise dans cette interdiction la pêche de l'ombre commun. de l'anguille et de la lamproie, mais non celle des autres poissons qui vivent alternativement dans les eaux douces et les eaux salées.

1866. Des délibérations auxquelles ce projet a donné lieu montrent l'importance que les conseils généraux ont attachée à l'étude de cette question. Ces délibérations m'ont été adressées par les préfets avec leurs observations personnelles et les rapports des ingénieurs des ponts-et-chaussées. Mon administration a puisé dans ces délibérations et ces rapports les éléments d'une étude nouvelle. Le projet révisé a été soumis à la commission de la pêche réunie sous ma présidence, commission dans le sein de laquelle ont été appelées les personnes les plus autorisées et les plus compétentes. Sous les inspirations de cette commission, le projet a subi de nouvelles modifications en vue de le rendre aussi libéral que possible, tout en sauvegardant les intérêts qu'il devait spécialement protéger. — L'article 26 de la loi du 15 avril 1829 ayant disposé que les actes réglementaires de la police de la pêche seraient approuvés par des ordonnances royales, j'aurais pu directement soumettre à la sanction de Votre Majesté le règlement ainsi préparé. Cependant il m'a paru que, dans une question aussi complexe, on donnerait aux nombreux intérêts qu'elle touche une garantie de plus de la sollicitude du gouvernement en provoquant les lumières du Conseil d'État. Dans cette pensée, j'ai demandé l'avis de la section de l'agriculture, du commerce, des travaux publics et des beaux-arts. A la suite d'un examen approfondi, la section a émis un avis favorable au projet, dans lequel elle a introduit de nouvelles et utiles modifications. — On peut considérer le règlement sorti de cette longue instruction, comme répondant à l'esprit de la loi du 31 mai 1865. S'il édicte quelques prescriptions nouvelles, il en supprime plusieurs dont l'application rigoureuse pouvait paraître excessive et donnait, par cela même, prétexte à des fraudes nombreuses. — Dans cette matière importante, qui touche par des côtés divers les habitudes et le bien-être des populations, nous nous sommes efforcés de concilier le respect des intérêts individuels avec les besoins de l'alimentation publique. — Je suis, etc. »

délits, ainsi que ses inconvénients au point de vue d'une

Les interdictions prononcées dans les paragraphes précédents s'appliquent à tous les procédés de pêche, même à la pêche à la ligne flottante tenue à la main.

Art. 2. Les préfets pourront, chaque année, par des arrêtés spéciaux, après avoir pris l'avis des conseils généraux, interdire exceptionnellement la pêche de toutes les espèces de poissons pendant l'une ou l'autre desdites périodes, lorsque cette interdiction sera nécessaire pour protéger l'espèce prédominante.

Ces arrêtés seront soumis à l'approbation de notre ministre de l'agriculture, du commerce et des travaux publics.

Art. 3. Dans la semaine précédant chaque période d'interdiction de la pêche, des publications seront faites dans les communes pour rappeler les dates du commencement et de la fin de ces périodes.

Art. 4. Quiconque, pendant la période d'interdiction de la pêche, transportera ou débitera des poissons provenant des étangs et réservoirs, sera tenu de justifier de l'origine de ces poissons.

Art. 5. Les poissons saisis et vendus aux enchères, conformément à l'article 42 de la loi du 15 avril 1829, ne pourront pas être exposés de nouveau en vente.

Art. 6. La pêche n'est permise que depuis le lever jusqu'au coucher du soleil.

Toutefois, la pêche de l'écrevisse et de l'anguille pourra être autorisée après le coucher et avant le lever du soleil, aux heures fixées par un arrêté préfectoral. Cet arrêté déterminera, pour l'écrevisse, la nature et les dimensions des engins dont l'emploi sera fini.

Art. 7. Le séjour dans l'eau des filets et engins ayant les dimensions réglementaires est permis à toute heure, sous la condition qu'ils ne pourront être placés et relevés que depuis le lever jusqu'au coucher du soleil.

Art. 8. Les dimensions au-dessous desquelles les poissons et

foule de ces circonstances locales, climatériques , d'habi-

écrevisses ne pourront être pêchés et devront être immédiatement rejetés à l'eau sont déterminées comme il suit pour les diverses espèces :

1º Les saumons et anguilles, vingt-cinq centimètres de longueur ;

2º Les truites. ombres chevaliers, ombres communs, carpes, brochets, barbeaux, brêmes, meuniers, muges, aloses, perches, gardons, tanches, lottes et lamproies, quatorze centimètres de longueur,

3º Les soles, plies et flets, dix centimètres de longueur:

4º Les écrevisses, huit centimètres de longueur.

La longueur des poissons ci-dessus mentionnés sera mesurée de l'œil à la naissance de la queue : celle de l'écrevisse, de l'œil à l'extrémité de la queue déployée.

Les prescriptions qui précèdent ne sont pas applicables aux poissons pris à la ligne flottante.

Art. 9. Les mailles des filets, mesurés de chaque côté, après leur séjour dans l'eau, et l'espacement des verges, des bires, nasses et autres engins employés à la pêche des poissons, auront les dimensions suivantes :

1º Pour les saumons, quarante millimètres au moins ;

2º Pour les grandes espèces autres que le saumon et pour l'écrevisse, vingt-sept millimètres au moins:

3º Pour les petites espèces , telles que goujons, loches , vérons, ablettes et autres. dix millimètres.

La mesure des mailles sera prise avec une tolérance d'un dixième.

Art. 10. Les filets fixes ou flottants ne pourront excéder en longueur les deux tiers de la largeur mouillée des cours d'eau où on les manœuvrera.

Plusieurs filets ne pourront être employés simultanément sur la même rive ou sur deux rives opposées qu'à une distance au moins triple de leur développement.

tude des espèces, etc., dont il importe de tenir compte.
Je ne reviendrai donc pas sur ce sujet.

Mais il est d'autres avantages, dont quelques-uns très-considérables, résultant de la nouvelle loi ; je vais les passer rapidement en revue en suivant l'ordre même de la loi.

Art. 11. Les filets fixes employés à la pêche seront soulevés par le milieu pendant trente-six heures de chaque semaine, du samedi à six heures du soir au lundi à six heures du matin, sur une longueur équivalente au dixième de leur développement, et de manière à laisser entre le fond et la ralingue inférieure un espace libre de cinquante centimètres au moins de hauteur.

Art. 12. Sont prohibés tous les filets traînants, à l'exception du petit épervier jeté à la main et manœuvré par un seul homme.

Est pareillement prohibé l'emploi des lacets ou collets.

Art. 13. Il est interdit :

1° D'établir dans les cours d'eau des appareils ayant pour objet de rassembler le poisson dans des noues, boires, fossés ou mares dont il ne pourrait plus sortir, ou de le contraindre à passer par une issue garnie de piéges :

2° D'accoler aux écluses, barrages, chutes naturelles, pertuis, vannages, coursiers d'usines et échelles à poissons, des nasses, paniers et filets à demeure ;

3° De pêcher, avec tout autre engin que la ligne flottante tenue à la main, dans l'intérieur des écluses, barrages, pertuis, vannages, coursiers d'usines et passages ou échelles à poissons, ainsi qu'à une distance moindre de trente mètres en amont et en aval de ces ouvrages :

4° De pêcher dans les parties des rivières, canaux ou cours d'eau dont le niveau serait accidentellement abaissé, soit pour y opérer

D'après les articles 1ᵉʳ et 2ᵉ, des décrets rendus en conseil d'État, après avis des conseils généraux, détermineront les parties des fleuves, rivières, canaux et cours d'eaux réservés pour la reproduction, et dans lesquelles la pêche sera interdite d'une manière absolue pendant toute l'année, durant une période de cinq ans qui peut

des curages ou travaux quelconques, soit par suite du chômage des usines ou de la navigation.

Art. 14. Sur la demande des adjudicataires de la pêche des cours d'eau et canaux navigables et flottables, et sur la demande des propriétaires de la pêche des autres cours d'eau et canaux, les préfets pourront autoriser, dans des emplacements et à des époques déterminés, des manœuvres d'eau et des pêches extraordinaires pour détruire certaines espèces, dans le but d'en propager d'autres plus précieuses.

Art. 15. Des arrêtés préfectoraux, rendus sur les avis des ingénieurs et des conseils de salubrité, détermineront .

1º La durée du rouissage du lin et du chanvre dans les cours d'eau et les emplacements où cette opération pourra être pratiquée avec le moins d'inconvénients pour le poisson ;

2º Les mesures à observer pour l'évacuation dans les cours d'eau des matières et résidus susceptibles de nuire au poisson et provenant des fabriques et établissements industriels quelconques.

Art. 16. Sont abrogés les ordonnances des 15 novembre 1830 et 28 février 1842, les décrets des 19 octobre 1863 et 7 février 1866, ainsi que tous les règlements locaux sur la pêche et les ordonnances ou décrets qui les approuvent.

Toutefois, les dispositions du présent décret ne sont pas applicables au Rhin et à la Bidassoa, lesquels restent soumis aux lois et règlements qui les régissent spécialement.

Art. 17. Notre ministre, etc.

être renouvelée ; la loi crée, par cette disposition, de véri-
tables pépinières ichtyalogiques, — que je conseillais plus
haut pour les canaux, — pépinières chargées de réparer
incessamment et avec avantages les pertes que la pêche
légale des poissons adultes fera subir aux cours d'eau.
L'administration pourra ainsi concentrer sur un même
point tous les moyens et procédés artificiels qui lui paraî-
tront propres à favoriser la multiplication des espèces, et
les entourer en même temps d'une surveillance plus spéciale et plus efficace.

D'après le même article 1ᵉʳ, § 2, des *échelles* à poisson
pourront être établies aux barrages des cours d'eau, où
cela paraîtra utile pour la circulation du poisson : excellente mesure, qui doit contribuer pour sa bonne part au
repeuplement des cours d'eau. Nous connaissons les résultats que l'application de ces engins a produits en Écosse
et en Irlande, et nous pouvons supposer ceux qui seraient
produits en France.

L'article 4 prescrit l'uniformité de réglementation pour
la pêche dans la partie fluviale et dans la partie maritime des
fleuves, rivières ou canaux. Cette disposition supprime les
divergences qui ont souvent existé entre les règlements maritimes et les règlements fluviaux, et qui étaient souvent pour
les fraudeurs un moyen d'échapper à l'application de la loi.

L'article 5 contient la disposition la plus importante de
la nouvelle loi : c'est l'interdiction du colportage, de la
mise en vente, de l'exportation et de l'importation du
poisson en temps prohibé ; mesure qui reçoit une sanction

dans l'article 7, par l'autorisation donnée aux agents de rechercher le poisson en temps prohibé, à domicile, chez les aubergistes, marchands de comestibles et dans les lieux ouverts au public. — Cette disposition qui, appliquée à la chasse, a déjà produit des résultats très-efficaces, est aussi appelée à réprimer, dans une grande mesure, les fraudes commises par les pêcheurs en temps prohibé. C'est le meilleur moyen de préserver les espèces pendant la saison du frai ; car, lorsque le pêcheur ne pourra vendre que très-difficilement le fruit de son maraudage, il ne pêchera plus. — Jusqu'à présent, la chance qu'il avait d'être pris et poursuivi, était compensée par celle du bénéfice qu'il pouvait retirer de son infraction. Or, l'intérêt étant son seul mobile, dès l'instant que la fraude ne pourra plus lui bénéficier, il ne s'y livrera pas.

La loi n'excepte de la défense du colportage et de la mise en vente que le poisson pêché dans les étangs ou réservoirs faisant l'objet d'une industrie privée. Cette exception est une conséquence du respect dû à la propriété privée ; mais il va de soi que celui qui alléguera l'origine privée du poisson devra en fournir la preuve : toute exception doit être prouvée.

Il va sans dire qu'il ne s'agit ici que du poisson frais, et que la prohibition ne saurait atteindre les poissons salés, fumés, marinés, etc.

Enfin, la loi, dans son article 10, contient une autre amélioration empruntée à la loi de 1844 sur la chasse, et au décret du 9 janvier 1852, relatif à la pêche côtière :

c'est l'attribution aux agents rédacteurs des procès-verbaux d'une partie de l'amende qui pourra être prononcée en cas de condamnation. Ce stimulant, venant s'ajouter à celui du devoir, leur donnera encore plus de zèle. — Le taux de la gratification sera ultérieurement déterminé par le gouvernement.

EAUX SALÉES.

Quels sont les avantages et les inconvénients des systèmes qui consistent à interdire la pêche : 1° sur certains points ; 2° pendant un certain temps ; 3° avec certains outils; et à quelles espèces doivent s'appliquer ces différents systèmes?

Protéger les espèces marines lorsqu'elles se livrent à la reproduction ; empêcher la destruction des œufs pendant la période d'incubation ; prohiber la capture des jeunes, capture qui, sans profit actuel pour l'alimentation, aurait pour effet l'anéantissement des récoltes futures ; tel est le but que doivent se proposer et que se proposent, en effet, les lois sur la pêche dans leurs dispositions protectrices. Lors donc qu'il est reconnu que telles espèces fraient à des époques et sur certains points déterminés, ou que l'usage de certains outils et instruments de pêche compromet la vie des jeunes générations, il est rationnel et nécessaire que la loi prenne, dans l'intérêt de la richesse nationale, des mesures pour interdire la pêche de ces espèces, à ces époques et sur ces points, avec les outils nuisibles. — On dira peut-être que la mer ou les eaux salées étant *res omnium*, choses de tous, chacun doit avoir la faculté d'y exercer librement son industrie !... d'accord ! mais il ne faut pas oublier aussi que le droit d'usage et de jouissance de la chose publique et commune ne peut aller jusqu'à compromettre l'intérêt de tous. — Du reste, il est à remarquer que les pays qui passent pour être les plus libres, sont ceux où les lois sur la pêche sont les plus sévères. J'en citerai quelques exemples.

On sait combien, sur les côtes des États-Unis, les gisements de mollusques sont abondants ; néanmoins les lois particulières à chaque État sont toutes d'accord pour les protéger d'une façon très-énergique. — La pêche de l'huître y est généralement interdite d'avril à octobre ou novembre, suivant les États. — L'emploi de la drague y est prohibé sous peine d'une très-forte amende qui, dans l'État de Rhode-Island, s'élève à 500 dollars (plus de 1,500 fr.) par homme d'équipage. Dans d'autres États, la drague est défendue à certains endroits, afin de ne pas nuire aux naissains. — Dans le comté de Cap-May, État de New-Jersey, une loi de 1857 punit d'une amende de 10 à 100 dollars, ou d'un emprisonnement de dix à trente jours, tout pêcheur reconnu coupable d'avoir dragué des huîtres dans *Dennis-Creck*. La justice peut, en outre, confisquer les engins et les bateaux. — Dans le Delaware, la drague est défendue, d'une manière absolue, dans les criques, anses ou étangs de l'État, sous peine d'une amende de 10 dollars et de la confiscation des embarcations. — La pêche des mollusques, dans le but d'engraisser la terre, est punie très-rigoureusement. — Dans la Virginie l'amende est de 500 dollars. — Ces exemples, que je pourrais multiplier, suffisent pour donner une idée de la protection sévère et énergique que les lois américaines accordent notamment à la culture du précieux mollusque. — Combien ne crierait-on pas en France si les lois sur la pêche édictaient de telles pénalités.

Il serait fort à désirer que, sur nos côtes, la drague fût remplacée par le tong américain, — que j'ai décrit sommairement plus haut, — partout où la configuration du fond le permettrait.

Les personnes qui ont assisté à la pêche au chalut ou à la grande seine sur nos côtes ont pu être, une fois ou l'autre, témoins d'un bien triste spectacle : lorsque cette immense nappe est traînée dans les anses et les baies où poussent les plantes aquatiques, berceau d'un grand nombre d'espèces, elle revient au rivage rapportant pêle-mêle dans ses flancs, avec les sujets adultes, des myriades de jeunes poissons, qui sont écrasés sous le poids des algues amoncelées. Ainsi, pour l'appât d'un lucre immédiat, souvent très-faible, ces pêcheurs inintelligents compromettent leur aisance future, en tarissant les sources de la production dans leurs cantonnements. — Il est donc nécessaire, dans ce cas, que la loi intervienne dans leur intérêt particulier comme dans l'intérêt général. — Dans l'Adriatique, la pêche à la seine ou avec tout autre filet traînant est permise, sur les côtes italiennes, jusqu'au bord du rivage,

quelle que soit la dimention de la maille du filet ; toutefois, dans le but de protéger les jeunes générations qui,
tous les ans, au printemps, viennent peupler la lagune de
Comacchio, la loi défend très-sévèrement de pêcher sur
tout le littoral correspondant à la lagune avec ces filets,
et le filet à large maille n'est lui-même permis qu'à une
assez grande distance du rivage.

Sans entrer dans plus de détails à ce sujet, il faut donc
conclure qu'il ne peut y avoir que des avantages et nul
inconvénient à ce que la loi défende les jeunes générations
de nos rivages par des dispositions restrictives, soit quant
au mode, au temps ou au lieu de pêche, soit quant à la
taille des poissons, suivant les diverses espèces.

J'aurais encore voulu développer quelques considérations à propos de deux questions pleines d'intérêt et d'ac-
tualité : 1° Celle de la fondation d'une société générale
d'encouragement à la pêche et à l'aquiculture ; et 2° celle
de l'organisation de sociétés mutuelles ou coopératives,
dans le but d'améliorer la position des marins. — Mais je
dois nécessairement m'arrêter devant l'étendue du travail
auquel je devrais me livrer. Il ne s'agirait, en effet, de
rien moins que d'examiner à fond la constitution, le mode
d'action, les effets, etc., de diverses associations du même
genre, qui fonctionnent déjà dans d'autres sphères, et de
chercher ensuite en quoi l'esprit général qui les caracté-
rise pourrait être appliqué au domaine de la pêche et
de eaux. — Cette recherche, je n'en doute pas, tentera

plus d'une personne, parmi celles qui s'occupent d'une manière spéciale d'économie aquicole marine.

Toutefois, il n'est pas nécessaire de se livrer à une étude bien approfondie, pour se permettre de supposer que le principe si puissant de l'association, qui a produit de si beaux résultats dans toutes les sphères de l'activité humaine auxquelles il a été sérieusement appliqué, ne peut aussi produire que d'excellents effets dans un ordre de choses où l'entente est plus nécessaire encore que partout ailleurs.

ERRATA.

—

Page 15, ligne 19, au lieu de *véridité*, lisez VIRIDITÉ.

Page 37, ligne 9, au lieu de *labre lourd*, lisez LABRE TOURD.

Page 45, ligne 1, au lieu de *truita*, lisez TRUTTA.

Page 51, ligne 3, au lieu de *sildrus*, lisez SILURUS.

Page 62, ligne 25, au lieu de *ctotus*, lisez COTTUS.

Page 77, ligne 1, au lieu de *sérreja*, lisez SSEVROUGA.

Page 123, ligne 21, au lieu de *l'ameçon*, lisez l'HAMEÇON.

Page 146, ligne 21, au lieu d'*alimenter*, lisez ACCLIMATER

Page 189, ligne 2, au lieu de *ichtyalogiques*, lisez ICHTYOL OGIQUES.

TABLE DES MATIÈRES.

FIN DE LA TABLE.

Montauban, Imp. Forestié Neveu, rue du Vieux-Palais, 23.